KB138943

과학이슈 하이라이트

메타버스 · NFT

과학이슈 하이라이트 Vol. 02

메타버스 · NFT

초판 1쇄 발행 2022년 7월 25일

글쓴이 김상윤
펴낸이 이경민

편집 이순아
디자인 김현수

펴낸곳 (주)동아엠앤비
출판등록 2014년 3월 28일(제25100-2014-000025호)
주소 (03737) 서울특별시 서대문구 충정로 35-17 인촌빌딩 1층
홈페이지 www.dongamnb.com
전화 (편집) 02-392-6903 (마케팅) 02-392-6900
팩스 02-392-6902
이메일 damnb0401@naver.com
SNS

ISBN 979-11-6363-582-6 (43560)

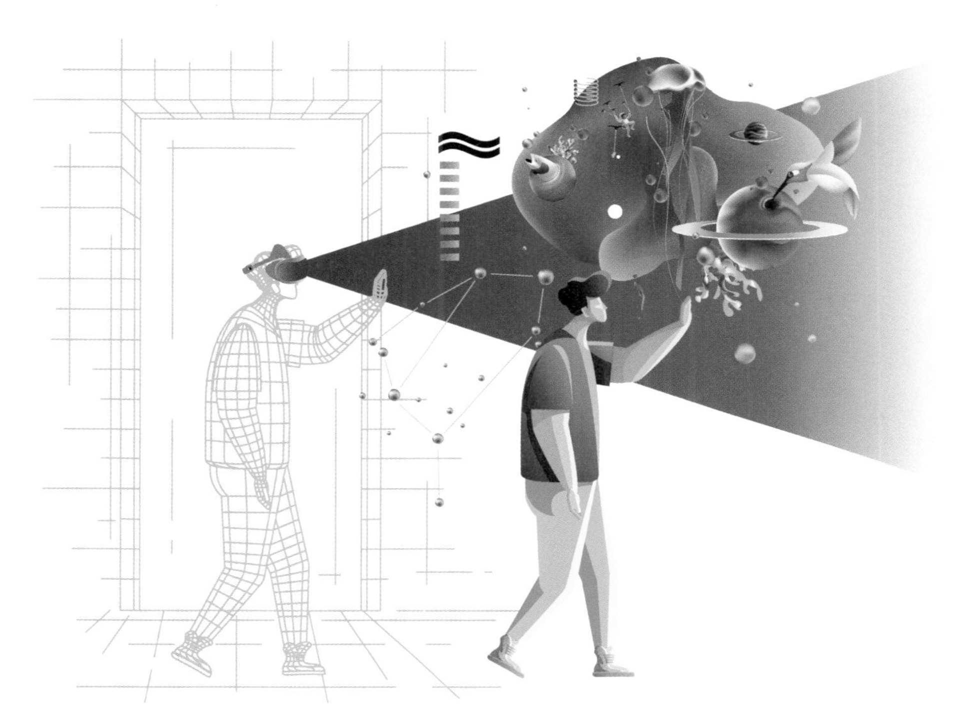

메타버스 NFT

김상윤 지음

동아엠앤비

펴내는 글

과학이슈 하이라이트는 최신 과학이슈를 엄선하여 선정해 기초적인 과학 지식에서 최신 연구 동향에 이르기까지 풍부한 정보와 더불어 이해를 돕는 고품질 사진과 일러스트를 담고 있다. 깊이 있는 분석과 상세한 설명, 풍부한 시각 자료를 통해 과학에 관심이 많은 독자와 학습에 도움이 되는 자료를 찾는 학생 모두에게 유용한 교양 도서이다.

이번 주제는 바로 '메타버스와 NFT'이다. 메타버스와 NFT, 가상 경제로 이어지는 핫한 키워드는 4차 산업혁명을 구성하는 생태계의 요소이다. 메타버스로 불리는 신기술이 과연 IT 혁명의 다음 페이지가 될 수 있을까?

'메타버스'는 현실 세계와 융합된 3차원 가상 세계로 가상 현실과 증강 현실을 합친 가상공간을 뜻한다. 지난 10월말 세계 최대 소셜 미디어 기업인 페이스북의 CEO 마크 저커버그는 연례 개발자 콘퍼런스에서 사명인 페이스북을 '메타'로 변경한다고 공식 발표했다. 저커버그는 오랜 시간에 걸쳐 자사가 메타버스 회사로 여겨지기를 희망한다고 말했으며, 여러 개 다른 디지털 공간을 오가며 멀리 떨어진 친구 및 가족과 얘기하는 자신의 디지털 아바타를 시연해 보였다. 그는 향후 10년 내에 메타버스가 10억 명 이용자를 확보하고, 수천억 달러 규모의 상거래가 이뤄지며 수백만 일자리를 창출해 낼 것이라고 내다봤다. 또한 "메타버스가 차세대 인터넷으로 발전하게 될 것"이라고 언급했다. 이는 스티븐 스필버그 감독이 영화 '레디 플레이 원'에서 보여 준 것처럼 메타버스가 우리 일상에서 가장 큰 영역을 차지하는 시대가 올 수 있다는 이야기이다.

과거의 인터넷 시대는 사용자가 인터넷에 접속(로그인)하는 시대였다면 메타버스는 현실과 연결된 또 다른 세계로 접촉Jump in하는 변화를 가져올 것이라 기대하고 있다. 우리가 매일 이용하는 SNS보다 더욱 긴밀히 연결되고 소통할 수 있는 플랫폼으로 메타버스가 자리 잡을 것이라는 게 메타의 비전이다.

NFT는 '대체 불가능한 토큰'이라고 번역된다. 블록체인 기술을 적용한 디지털 토큰으로 각 토큰은 저마다 고유한 인식 값을 부여받아 서로 대체할 수 없는 가치와 특성을 지니게 된다. NFT와 달리 '대체 가능한 토큰'에 해당하는 비트코인과 같은 암호화폐는 각기 동일한 가치를 지니기에 1:1 교환이 가능하다. NFT를 적용할 수 있는 품목은 영상, 이미지, 소리, 텍스트, 예술품, 수집품, 게임 아이템, 음원, 각종 상품, 가상 부동산 등에 이르기까지 매우 다양하다. NFT 시장이 확장되면서 새로운 경제 모델로 자리 잡을 것이라는 기대감이 크다.

이미 세상은 가상 자산의 생산 및 소비가 이뤄지는 가상 경제 플랫폼과 이를 지원하는 인프라 산업을 중심으로 관련 생태계가 조성되고 있다. 여러분은 세상의 변화를 눈여겨보고 미리 미래를 준비하며 예측할 수 있는 능력을 이 책과 함께 키우기 바란다. 이같이 사회현상을 깊이 있게 이해하다 보면 현실과 미래를 바르게 분석하고 종합적으로 사고할 수 있게 될 것이다.

편집부

CONTENTS

01 VIRTUAL

메타버스 세상이 온다

02 VIRTUAL

메타버스와 메타 세계관

03 VIRTUAL

암호화폐: 메타버스 세상의 화폐가 될 것인가?

04 VIRTUAL NFT: 메타버스 세계에서 소유를 증명하는 법

05 VIRTUAL P2E: 메타버스 세계에서 돈을 벌 수 있을까?

06 VIRTUAL 메타버스 세계에서 건물과 땅을 산다

07 VIRTUAL 메타버스로 꿈꾸는 새로운 세상

들어가는 말

지금 이 책을 읽고 있는 독자들은 몇 년 전 우리나라뿐만 아니라 전 세계적으로 유행했었던 '포켓몬 고'라는 게임을 해 본 적이 있을 것이다. 스마트폰의 게임을 실행하고 집 앞 놀이터를 걷다 보면 포켓몬 캐릭터들이 화면 속 놀이터에 나타나게 되고, 우리는 이들을 잡으려고 열심히 뛰어다닌다. 게임이라는 즐거움의 이면에는 최근 메타버스 분야의 대표적인 기술로 자리 잡고 있는 증강 현실AR이라는 기술이 있다. 증강 현실이란 가상 세계 속 그래픽을 현실과 연결시켜, 이용자가 가상과 현실을 겹쳐서 인식할 수 있게 만들어 주는 기술이다.

가상 현실VR이라는 기술도 있다. 거리를 다니다 보면 가상 현실VR 게임장을 어렵지 않게 발견할 수 있는데, VR 기기를 머리에 뒤집어쓴 채로 원하는 콘텐츠를 선택하면 실제 눈앞에 있지도 않은 아마존 열대 우림을 관람하거나, 뉴욕의 고층 빌딩에서 떨어지는 짜릿한 경험을 실감 나게 즐길 수 있다. 이처럼 가상 세계 또는 가상과 현실을 연계한 새로운 공간은 우리에게 지금까지 겪어 보지 못했던 새로운 경험을 제공한다. 우리는 이를 '메타버스Metaverse'라 부른다.

2021년 3월, 뉴욕에서 개최된 역사와 전통을 자랑하는 크리스티 경매에서 세계를 깜짝 놀라게 한 소식이 전해졌다. 디지털 예술 작가로 알려진 비플Beeple의 '나날들: 첫 5,000일 Everydays: The first 5,000 days'이라는 작품이 6,930만 달러, 한화로 약 830억 원에 낙찰됐다. 크리스티 경매 역사상 세 번째로 높은 금액이었다. 근데 여기서 이상한 점은 낙찰된 작품이 실존하는 현실 세계의 그림이 아닌 만질 수도 없는 디지털 그림 파일이었다는 점이다. 정확하게 말하면 작품이 팔린 게 아니라, 작품의 'NFT(Non Fungible Token: 대체 불가능한 토큰)'가 팔린 것이었다. NFT란 가상 세계에서 콘텐츠의 소유를 인정해 주는 일종의 증표 같은 역할을 한다. 우리는 지금껏 인터넷에서 떠돌아다니는 그림, 영상, 짤, 음성 등을 '이건 누구의 것이고, 저건 누구의 것이다.'라고 명시하기가 쉽지 않았다. 공유와 복제가 무한으로 가능하기 때문이다. 내가 만든 디지털 그림이라도 누구든 볼 수 있는 인터넷 공간에 올리는 순간, 모두가 가질 수 있는 그림이 되어 버렸다. 최근 유행하는 기술이자, 새로운 자산의 형태라고 할 수 있는 NFT는 디지털 세상에서 '내 것'과 '네 것'을 구분하게 해 준다.

인류의 역사를 보면 대항해 시대, 신대륙의 발견, 1·2차 산업혁명 등 세상이 격변하던 시기마다 경제, 산업, 문화, 사회 구조 등의 측면에서 큰 변화와 함께 새로운 기회가 있었다. 최근 디지털 기술은 세상의 큰 변화를 만들고 있다. 특히, 메타버스와 NFT는 인간에게 새로운 공간과 경험, 거래 수단을 제공하고 있다. 이를 바탕으로 기업들은 세상의 변화에 맞는 참신한 서비스를 내놓고 있으며, 그 속에서 우리는 새로운 직업을 갖기도 한다. 메타버스와 NFT 그리고 이로 인해 펼쳐지는 인류 경제활동의 변화를 통틀어서 '가상 경제'라고 부른다. 메타버스와 NFT가 만드는 가상 경제 시대에는 어떠한 변화와 기회가 있을까?

- 신대륙을 발견했던 때처럼 새로운 경제구조와 패러다임이 만들어질 것인가?
- 두 차례의 산업혁명 때처럼 메타버스 관련 기술들이 인류의 생산성을 높이고 인간의 삶의 방식을 바꾸어 놓을 것인가?
- 이를 통해 우리는 어떤 새로운 직업과 능력을 얻게 될 것인가?

이 책에서는 위의 질문들에 답하기 위한 근거들을 찾고 이를 연결하여 새로운 세상을 그렸다. 메타버스, NFT 그리고 가상 경제의 새로운 주인공이 되고 싶다면, 이 책을 보며 함께 고민해 보자.

김상윤

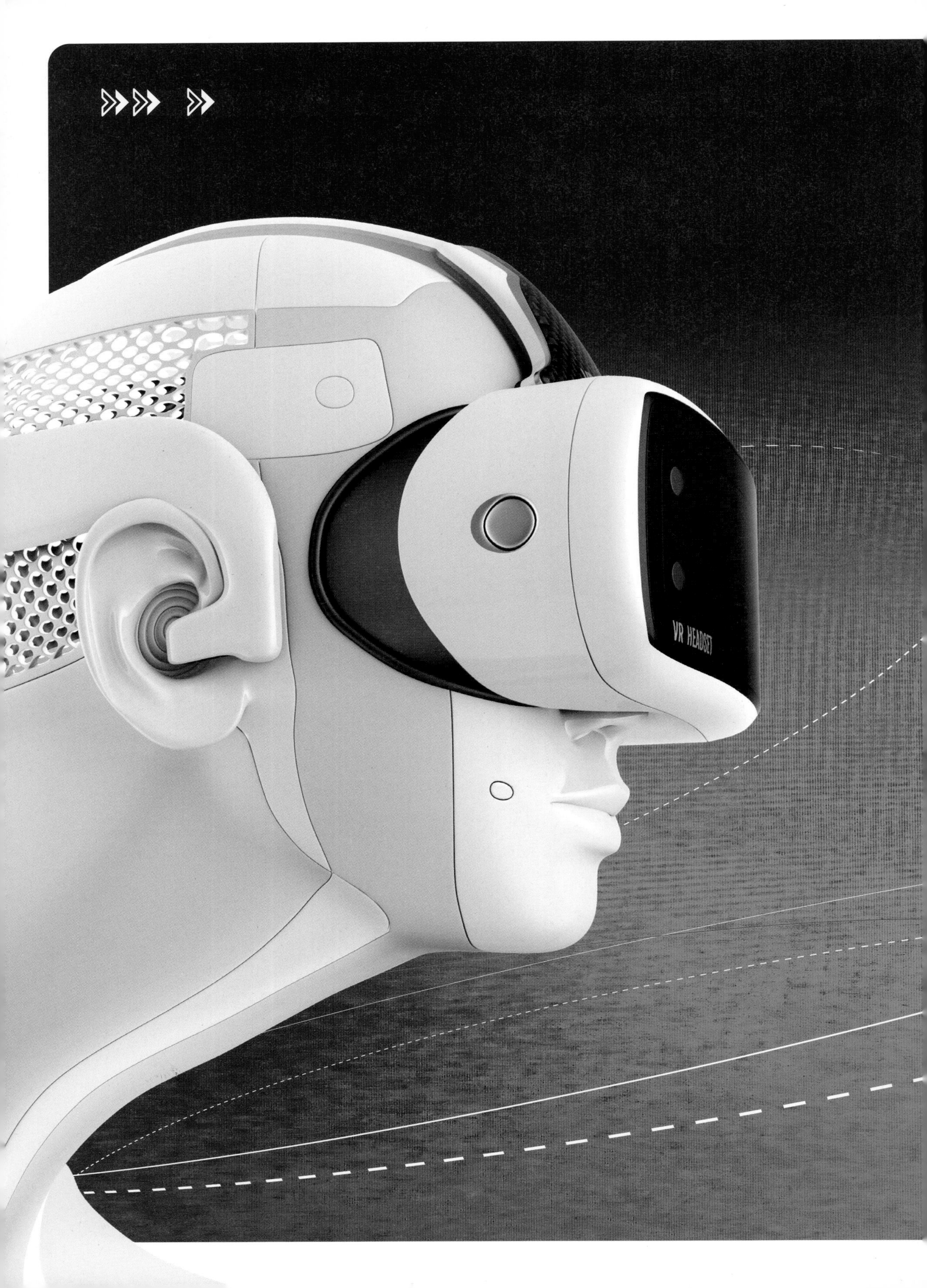
VR HEADSET

VIRTUAL 01

메타버스 세상이 온다

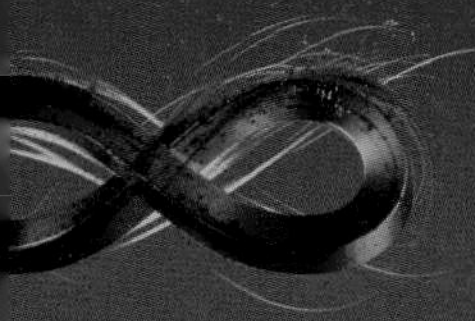

메타버스를 주도하는 글로벌 기업가들

메타버스가
전 산업계로 퍼지고 있다.

IT, 게임업계뿐 아니라 유통업과 제조업까지도
메타버스 시장 주도권 잡기에 나섰다.

테슬라의 일론 머스크Elon Musk

2021년 기준 세계 부호 1위로 꼽히는 테슬라의 CEO 일론 머스크는 1971년생이다. 미국 스탠퍼드 대학에서 물리학 박사 과정 중에 1995년 집2Zip2라는 업체를 만들었다. 뉴욕 타임스 등 신문사에 지역 정보를 제공하는 업체였다. 그리고 1999년 이 회사를 컴팩Compaq에 매각한 후 곧바로 만든 회사가 엑스닷컴X.com인데, 2001년 이름이 페이팔PayPal로 바뀐다. 그리고 2002년에 이베이Ebay가 페이팔을 인수하면서 머스크는 실리콘 밸리를 대표하는 사업가로 명성이 높아졌다.

그해에 머스크는 스페이스XSpace x를 만들고, 2003년에는 테슬라를 설립한다. 현재 머스크가 도전하는 영역은 한두 가지가 아니다. 일반인들이 듣기에는 너무나 허무맹랑한 영역도 있다. 10년 이내 우주 공간에 철물점에서 피자 가게까지 만들겠다는 얘기도 그중 하나이다.

아마존의 제프 베이조스Jeff Bezos

아마존의 CEO 제프 베이조스는 1964년생이다. 프린스턴 대학에서 컴퓨터 공학을 전공했고, 월가 투자은행에서 일하며 경력을 쌓아 잔뼈가 굵었다. 그는 1994년 인터넷 서점이라는 사업 아이템으로 아마존을 설립했다. 그리고 2021년 CEO 자리에서 물러날 때까지 아마존을 인터넷 1등 기업으로 만드는 데 주력했다. 특히, 2000년 출시한 아마존 온라인 전자상거래 플랫폼은 과거 현실 세계를 기반으로 하던 유통업을 인터넷이라는 온라인 공간으로 이전했다는 점에서 매우 창의적인 혁신으로 평가받는다.

아직 성과를 평가하기에 이른 영역도 있다. 바로 우주 사업이다. 베이조스는 2000년에 우주 발사체 개발 회사 블루 오리진Blue Origin을 설립했다. 민간 우주 사업에서도 선구자라고 할 수 있는 베이조스는 실제로 2021년 7월 직접 블루 오리진 로켓에 탑승해 우주 여행을 하기도 했다. 베이조스는 비행을 마친 뒤 인터뷰에서 "이 비행은 경쟁이 아니며 미래 세대를 위해 우주로 가는 길을 만드는 것"이라고 말했다.

메타의 마크 저커버그Mark Zuckerberg

2021년 기준 세계 부호 5위로 꼽힌 마크 저커버그는 1984년생이다. 미국 뉴욕에서 태어난 그는 어려서부터 컴퓨터에 뛰어난 재능을 보여, 11살 때 병원 컴퓨터에 환자 도착을 알리는 프로그램을 개발할 정도의 영재였다. 2002년 하버드 대학교에 입학해 학생들의 외모를 평가하려는 목적으로 사이트를 개설했는데 그것이 바로 페이스북의 시초다. 이것을 전 세계 대상의 소셜 네트워크 서비스로 확장하여 CEO가 되었고 하버드 대학교를 중퇴하였다. 마크 저커버그가 탄생시킨 페이스북은 긍정적이든 부정적이든 매체와 사회, 정치 등 21세기 현대 사회에 지대한 영향을 끼친 시대적 아이콘이라 해도 과언이 아니다. 이로 인해 저커버그는 최연소 억만장자가 되었다.

셋의 공통점은?

이들에게는 공통점이 있다. 현재의 질서를 파괴하는 새로운 구상을 즐긴다는 점이다. 역사적으로 성공한 기업가들은 대부분 기존

산업 내에서 부족한 점을 찾아내고, 여기에 차별적 가치를 더하여 경쟁 우위의 비즈니스를 창출하곤 했다. 그러나 이들 셋은 기존의 질서를 넘어 전에 없던 새로운 세상을 만들어 내려고 끊임없이 시도한다는 점에서 기존의 사업가들과 차별성을 가진다.

이들이 창조하는 새로운 세상의 대표적인 영역은 바로 '가상 세계', 즉 메타버스다. 그들은 가상과 현실이 결합한 새로운 차원의 세상을 가장 선도적으로 비즈니스에 접목하면서 새로운 세계와 부를 창조한다.

저커버그는 최근 메타버스 세상을 만들어 가겠다는 포부를 담아 '메타'로 사명을 바꾸었고 제프 베이조스는 2000년대 초반 아마존의 전 세계 상점을 온라인 세상에 집어넣었다. 일론 머스크는 우주 여행, 공간 이동, 암호화폐로 전기차 구입 등 지금까지 그 누구도 해내지 못한 새로운 비즈니스를 창조하고 있다. 이들의 행보는 가상 세계에 대한 깊은 고찰과 새로운 창조를 위한 갈망에서 비롯된 것으로 평가할 수 있다. 그리고 이 과정에서 세 명의 CEO는 전 세계 MZ 세대[1], 더 구체적으로 말하면 디지털 원주민 세대[2]의 우상으로 여겨지기도 한다.

이처럼 글로벌 선도 테크 기업들은 현실 세계를 대체하는 가상 세계를 만들고, 기존의 비즈니스와 경쟁 구도를 탈피하여 전 인류의 소비자들에게 새로운 가치와 혁신을 제공하려 한다. 이것이 곧 메타버스 세계로의 변화, '메타 트랜스포메이션(Meta Transformation: 메타버스 세계에 적응하기 위한 노력)'이다. 메타뿐만 아니라 수많은 테크 기업들은 거대한 도전을 시작하고 있다. 향후 기업들의 메타 트랜스포메이션은 어떤 방향으로 진행될까?

---

1) 1980년대 초~2000년대 초 출생한 밀레니얼 세대와 1990년대 중반~2000년대 초반 출생한 Z세대를 통칭한다.

2) 태어나서부터 디지털 환경에 친숙하고, 디지털 기기를 일상적으로 활용하는 세대.

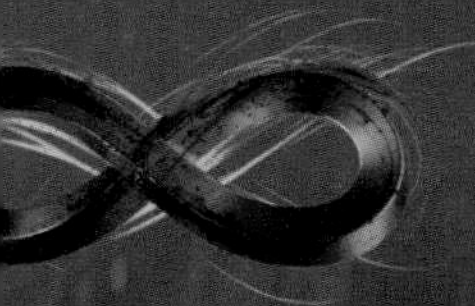

웹 3.0 시대가 온다

WEB 3.0

'탈중앙화'를 지향하는 웹 3.0은

정부나 빅테크 기업의 데이터 통제 및 프라이버시 침해 위협에서 자유로울 수 있는 장점이 있다.

현대 디지털 분야는 어떻게 발전해 왔을까? 인간이 디지털 장치와 상호 작용하는 방식의 변화를 기준으로 두면 역사적으로 세 단계를 거쳤다고 볼 수 있다. 첫 번째는 1984년 애플Apple의 첫 개인용 컴퓨터 매킨토시Macintosh 출시와 함께 대중화된 그래픽 인터페이스 혁신, 두 번째는 1990년대 월드 와이드 웹World Wide Web 기술을 기반으로 인터넷이라는 가상공간으로 전 세계를 연결한 네트워크 혁신이다. 그리고 세 번째는 2007년 스마트폰의 탄생과 함께 현재까지도 진행되고 있는 모바일 기반의 사용자 혁신이다. 기술이 인간에게 제공한 가치를 기준으로 보면 또 다른 구분법이 존재한다. 몇 해 전부터 실리콘 밸리의 뜨거운 감자로 떠오르고 있는 웹 1.0, 2.0, 3.0으로 구분하는 방법이다.

소비와 생산을 함께 하는 웹 2.0 시대

먼저 웹 1.0 시대는 1984년 매킨토시의 출시와 1990년 월드 와이드 웹 인터넷 탄생 시기를 묶어 부르며, 웹이라는 가상공간을 인류가 처음으로 활용하게 된 시기를 일컫는다. 웹 1.0 시대에 기업들은 웹사이트를 구축하여 정보를 제공했고, 이용자들은 제공되는 정보를 수동적으로 소비하기만 했다. 그러나 2000년대 전후로 웹 이용자들은 정보의 생산과 소비를 동시에 하는 프로슈머로서 역할을 확대해 나갔다. 그리고 2007년 '아이폰'의 등장으로 휴대 전화를 단순히 PC 기능을 넘어 모든 IT 기기의 중심으로 탈바꿈시키면서 정보의 생산과 소비의 경계가 완전히 무너졌다. 이 시기를 바로 웹 2.0 시대의 시작으로 본다.

웹 2.0 시대에는 개인을 중심으로 데이터가 생산되고, 데이터를 기반으로 콘텐츠가 제작되기 시작했다. 다만 그 과정에서 대형 플랫폼들은 콘텐츠 유통과 이용자 네트워킹의 매개 역할로 영

애플 매킨토시.

향력을 키우게 되었다. 웹 2.0 시대의 대표적인 플랫폼 형태가 바로 소셜 네트워크 서비스SNS다. 페이스북, 인스타그램과 같은 소셜 네트워크 서비스는 직접 콘텐츠를 생산하는 것이 아니라, 개인이 생산한 콘텐츠를 유통하고, 연결해 주는 매개자다. 우리는 웹 2.0 시대를 대표하는 '황금 삼각형'으로 모바일, 소셜, 데이터를 꼽는다. 개인들이 위치나 상황에 관계없이 모바일을 통해 데이터를 적극적으로 생산하고, 소셜이 개인들의 데이터를 유통해 주는 구조다.

탈중앙화를 지향하는 웹 3.0 시대

웹 3.0 시대는 탈중앙화, 개인화, 지능화로 표현되는 시대이다. 웹 3.0 시대의 대표적인 기술은 '블록체인blockchain'이다. 이 기술은 간단히 말하면 블록에 데이터를 담아 체인 형태로 연결한 다음, 수많은 컴퓨터에 이를 동시에 복제해 저장하는 분산형 데이터 저장 기술이다. 거래 주체와 거래 기관만 거래 정보를 보유하는 기존의 금융 거래 방식과 달리, 블록체인은 거래 주체의 거래 정보가 담긴 원장(블록)을 블록체인 네트워크 참여자 모두가 나누어 가진다. 이러한 분산형 데이터 저장 기술은 중앙화된 조직 구조와 소통 구조를 완전히 바꾸고 있다.

현대의 조직 구조와 정보 처리 방식은 대부분 중앙 집중화된 구조를 띤다. 중앙은행이 모든 것을 통제하는 화폐 시스템, 위에서 아래로 내려오는 정부 혹은 기업의 의사결정 구조, 대형 플랫폼의 영향력이 막강한 데이터 유통 구조 등이 대표적 사례다.

그러나 웹 3.0 시대에는 대형 플랫폼의 역할이 줄어들고 개별 주체 혹은 다수의 공유 그룹이 데이터를 보유하며 부가가치를 나눠 가질 수 있다. 몇몇 플랫폼이 데이터를 독점하여 그 영향력을 과대 활용하는 횡포를 막고, 정보의 생산자인 개인이 그 혜택

웹 1.0, 웹 2.0, 웹 3.0 시대 비교

	웹 1.0	웹 2.0	웹 3.0
전달 가치	공급자 의도	상호 소통	개인 최적화
정보 유통 방식	공급자가 제공	제한된 양방향	공급자, 수요자 구분 모호
정보 권력	중앙화	집중화(플랫폼)	탈중앙화
핵심 기술	HTML	모바일	블록체인

©《메타 리치의 시대》, 김상윤, 2022년

을 직접 받아가는 형태로 진화 가능하다. 이를 통해 정보가 한 방향으로 흐르는 것이 아니라 공정하게 다多방향으로 흐르고 활용되는 효과도 얻는다.

중앙화된 정보가 분산화되고, 플랫폼의 부가가치를 구성원이 나누어 가지는 웹 3.0 시대의 플랫폼은 어떤 모습일까? 대표적인 사례 몇 가지를 살펴보자.

애플의 헬스킷

애플의 헬스킷Health Kit이라는 앱은 환자들이 앓는 병에 관한 구체적인 증상, 상태, 대응 정보를 플랫폼을 통해 수집하고 수집된 데이터를 약 제조사들이 제약 개선에 활용하도록 제공한다. 그 대가로 환자들에게는 합리적인 가격으로 약을 살 수 있도록 한다. 또한 환자들은 직접 제공한 데이터가 축적되는 과정에서 나

개인의 건강 데이터를 공유하는 애플의 헬스킷.
ⓒ애플 홈페이지

에게 최적화되고 맞춤화된 진료 정보 및 각종 건강 정보를 제공받을 수 있다. 데이터 제공자인 개인, 데이터 활용자인 제약사 모두가 윈윈win-win하는 구조이다. 의료 데이터의 교환에 관해서는 보안을 확보해 환자와 의사의 신뢰를 얻을 필요도 있다.

에어박스

대만에는 집집마다 '에어박스AirBox'라는 것이 설치되어 있다. 에어 박스는 대만의 한 국립대학에서 개발한 실내 공기 유해 성분 감지 시스템이다. 시민들이 에어박스를 각자 집에 설치하면 이를 통해 수집된 데이터가 대학 연구소로 공유된다. 공유된 데이터는 연구 개발, 성능 개선 등에 활용되고, 참여한 시민들은 다른 형태의 보상을 받는다.

메타버스 :
현실과 가상이 연결된 세상

가상과 현실이 융합된
하나의 세계, 메타버스.

'가공, 추상'을 의미하는 'Meta(메타)'와
우주를 의미하는 'Universe(유니버스)'의
합성어이다.

가상 세계는 어떻게 만들어질까? 최근 VR, AR 기술 등 가상 세계를 창조하는 기술이 발전하면서, 우리는 가상공간을 적극적으로 활용하기 시작했다. 그러나 가상 세계가 어떻게 창조되고 현실 세계와 연결되는지 그 과정과 기술적 개념을 이해하기는 쉽지 않다.

먼저 웹 1.0 시대로의 변화를 '가상 세계 창조 혁명'으로 칭할 수 있다. 20세기 후반 IT 분야가 급속도로 발전하면서 정보를 처리·저장·통신·결합·복제하는 비용이 급격히 낮아졌다. 이에 따라 현실 세계에 있던 많은 정보가 인터넷으로 이동하면서 가상 세계라 불릴 수 있는 공간이 구축되었다. 이것이 곧 3차 산업혁명 혹은 디지털 혁명이다.

현실 세계를 가상 세계로: 3차 산업혁명

1990년대와 2000년대 초반 급성장한 국내외 대표 기업으로 구글 Google, 네이버Naver, 그때 당시 다음Daum이었던 카카오Kakao가 있다. 이들은 인터넷 포털 서비스를 구축했다는 공통점이 있다. 포털 서비스란 현실 세계에 있던 정보를 가상 세계에 축적하고 정리하여, 이용자에게 보여 주는 기술이자 서비스다. 당시에 야후, 라이코스, 알타비스타, 프리챌, 심마니, 엠파스, 나우누리, 천리안 등 수십 개의 포털 서비스 기업이 전쟁을 치렀다. 이렇게 많은 신규 업체가 등장했다가 몇 년 만에 대다수가 사라진 업종은 다른 산업 영역에서는 찾기 어려울 정도다. 그만큼 그때 당시 인터넷 포털 경쟁은 매우 치열했다.

포털은 가상 세계의 관문이라 할 수 있다. 현재 우리는 경쟁의 승자로 살아남은 소수의 포털 플랫폼을 통해 현실 세계와 연동된 가상 세계의 정보를 제공받고 있다. 많은 사람이 '인터넷에 없는 정보는 없다.'라는 말에 대체로 동의할 것이다. 이제 우리는 인터넷이라는 가상 세계와 우리가 실제 살고 있는 현실 세계의 정보가 거의 일치하는 세상에 살고 있다. 3차 산업혁명은 정보화 혁명, 인터넷 혁명으로 불리며, 가상 세계를 창조하는 과정이었다. 그리고 가상 세계의 창조가 완료되면서 우리는 4차 산업혁명을 맞았다.

가상 세계를 현실 세계로: 4차 산업혁명

3차 산업혁명으로 완성된 가상 세계가 이제는 현실 세계와 상호 작용하면서 그 활용도를 높이는 쪽으로 진화하는 것이 4차 산업혁명이다. 학계에서는 4차 산업혁명의 대표적인 기술개념으로 가상 물리 시스템인 CPSCyber Physical System를 꼽는다.

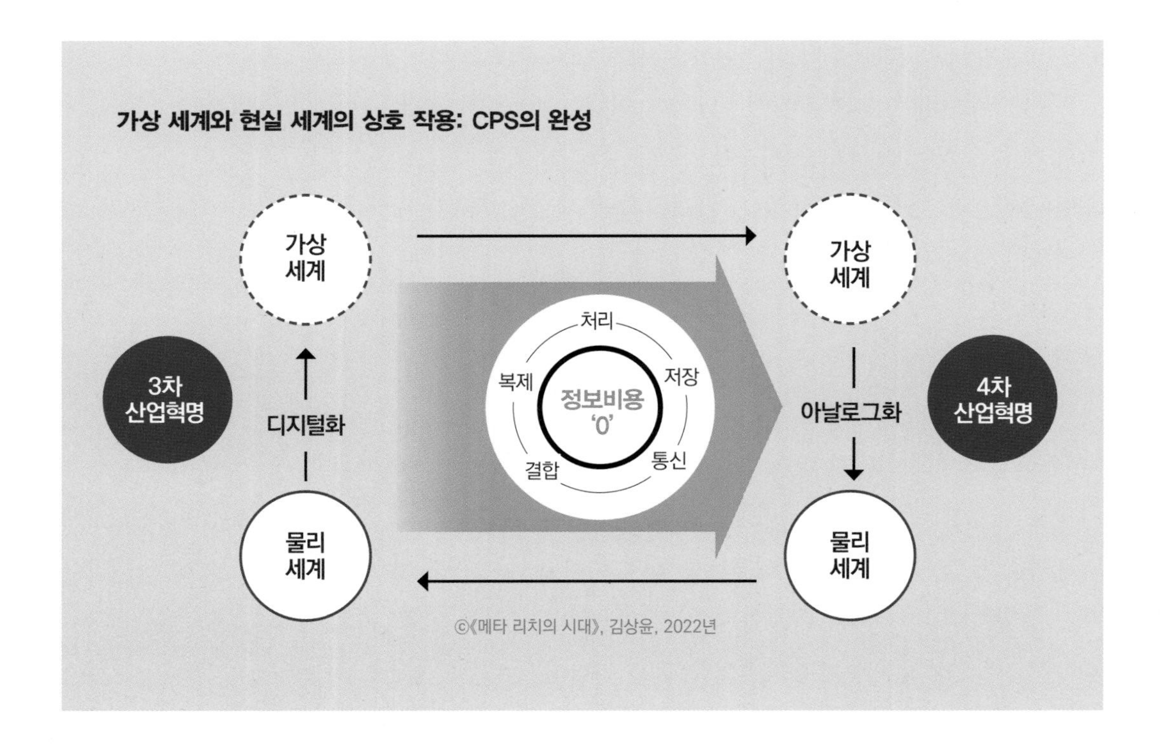

CPS란 가상 세계와 현실 세계가 서로 연결되어 상호 작용하는 것을 말하는데 아래 그림을 참고하면 이해에 도움이 될 것이다.

수년 전부터 우리는 4차 산업혁명의 시대로 접어들었다. 4차 산업혁명은 '가상 세계 창조' 이후의 세계다. 요컨대, 1980년대부터 약 30년에 걸쳐 진행된 3차 산업혁명이 현실 세계의 정보를 가상 세계로 옮겨 놓는 디지털화Digitalization에 집중했다면, 4차 산업혁명은 가상 세계가 현실 세계로 회귀하는 아날로그화Analogization 또는 가상 세계와 현실 세계를 연결하고, 상호 작용하는 것에 집중한다. 이 과정에서 가상 세계와 현실 세계가 동일시되기도 하고, 이를 넘어 오히려 가상 세계가 현실 세계를 지배하기도 한다.

이제는 우리 주변에 익숙한 존재가 된 자율주행차를 예로 들어 보자. 자율주행차가 자율주행을 하다가 왼쪽에는 고양이, 오른쪽에는 어린아이가 있는 상황과 맞닥뜨렸다. 자율주행차에 달

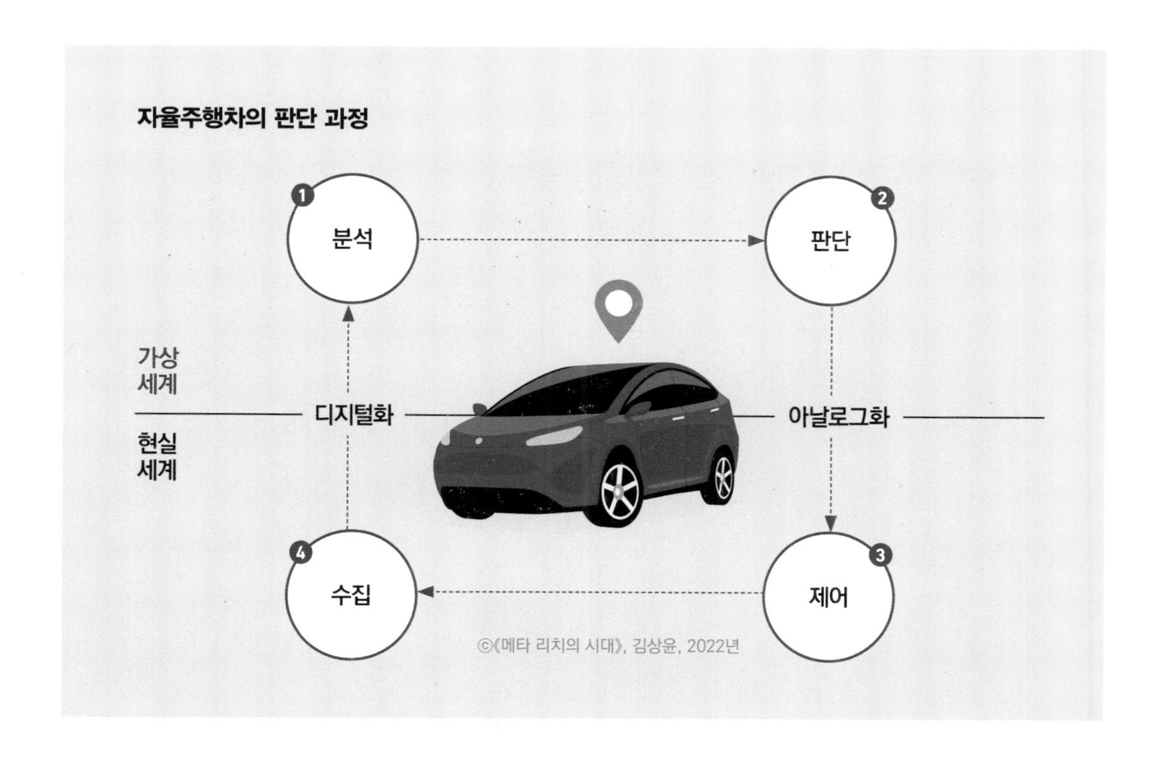

려 있는 센서는 고양이와 어린아이의 크기, 떨어진 거리 등을 인식한다(① 수집). 센서가 이를 인식하는 순간, 고양이와 어린아이는 이제 더 이상 현실 세계의 정보가 아니라, 디지털화된 정보인 데이터로 변환된다. 데이터는 우리 눈에 보이지 않는 가상 세계로 올라가 눈앞의 대상이 무엇인지에 대해 파악한다(② 분석). 주로 빅데이터, 클라우드 컴퓨팅 기술이 데이터를 저장, 관리, 분석하는 데 중요한 역할을 한다.

다음은 판단의 과정이다. 만약 브레이크를 밟아도 고양이와 어린아이 모두를 피할 수 없는 상황이라면, 고양이를 치는 선택을 하는 것이 차선책이 될 수 있다(③ 판단). 인공지능 자율주행 기술은 판단과 정의가 핵심 기술이다. 최종적으로 인공지능 자율주행 기술은 왼쪽으로 핸들을 꺾으라는 명령을 내리게 되고, 자동차는 왼쪽의 고양이를 치는 움직임을 취하게 된다(④ 제어). 이렇게 자율주행차는 현실 세계의 정보를 가상 세계에서 데이터화하여 알고리즘을 통해 판단하고 현실 세계에 역으로 영향을 준다.

구글 웨이모 가상 주행 장면.
ⓒ웨이모

구글 웨이모 자율주행 시스템의 경우 자율주행차가 갖고 있는 라이다Lidar라는 센서를 통해 현실 세계의 장애물과 거리의 모습, 신호등을 인식한다. 웨이모의 인공지능 시스템은 이러한 정보를 디지털화된 데이터로 처리하여 가상공간에 구현하고 이를 자율주행에 활용한다. 정확히 말하면, 구글 웨이모의 자율주행 시스템은 현실 세계를 주행하는 것이 아니다. 현실 세계를 똑같이 복제한 가상공간을 주행하는 것이다. 그리고 이것이 결국 우리가 사는 현실 세계에서의 움직임을 만든다.

언택트 시대를 넘어, 가상 경험의 시대로

가상이 현실이 되는 메타버스는

코로나를 계기로 언택트 바람을 타며 세계적으로 빠르게 녹아들고 있다.

코로나19가 세상에 끼친 부정적인 영향은 이루 말할 수 없다. 특히 소상공인의 피해는 심각하다. 정부의 규제 방침에 따라 전 세계 수많은 국가의 상점은 문을 닫고 단축 영업을 해야 했다. 그 여파로 손님이 줄고 매출이 급감해 소상공인들은 여전히 힘겨운 시간을 보내고 있다.

그러나 코로나19가 인류에 가져온 변화는 반드시 부정적인 것만은 아니다. 특히 언택트Un-contact 시대의 도래는 코로나19가 가져온 가장 큰 변화다. 물론 언택트 시대가 우리 삶에 갑자기 등장한 것은 아니다. 디지털 기술이 일상을 파고든 2000년대 전후부터 다수의 업종에서 언택트 시스템은 존재했다. 일부 영역 혹은 특정 기능을 중심으로 조금씩 확대되던 중이었다. 2000년에 중국집에 자장면 배달 주문을 하려면 전화를 직접 걸어야 했지만, 내가 좋아하는 가수의 콘서트 표는 온라인 웹으로 예매할 수 있었던 것처럼 말이다.

이렇게 서서히 영역을 넓혀가던 언택트 서비스는 코로나19로 총체적이고 전방위적으로 확대됐다. 이전까지 언택트 서비스가 구축되어 있지 않았거나, 구축은 되어 있어도 활성화되지 않은 영역에까지 언택트 시스템을 확대하여 적용하고 있다.

유통업계에 혁신을 일으킨 플랫폼 '정육각'

'정육각'이라는 스타트업은 도축된 돼지고기를 가장 신선할 때 소비자 밥상에 올린다는 목표로 유통업계에서도 가장 보수적인 축산업계를 비집고 들어가는 데 성공했다. 축산 유통업은 가공이라는 과정이 존재하는 만큼 이미 완성된 상품을 판매하는 유통업계와 다르게 소비자의 요구가 반영될 여지가 큰 편이었음에도, 전통적인 유통 구조와 관행으로 지금껏 공급자 중심으로 흘러왔

ⓒ정육각 공식 블로그

다. 그래서 소비자들은 마트나 시장에 진열된 상품 중에서만 선택적으로 소비할 수밖에 없었다. 그러나 이제 정육각 플랫폼을 이용하면 원하는 두께, 등급, 가격, 배송 시간 등에 맞춰 도축된 지 4일 이내의 돼지고기를 당일에 받아볼 수 있다.

유통업계에서 오프라인 거래가 온라인으로 올라가는 것은 이미 흔한 일이지만, 소비자의 기호나 선호를 반영해 판매하는 것은 새롭다. 또한, 정육각은 신선도를 극대화하기 위해 제조 이전의 원물 재고를 타이트하게 관리하는 'JITJust In Time 생산' 체계를 구축했다. 매일 판매할 주문량을 예측하기 위해 날씨·요일·계절·성별·언론 보도 등 여러 요인에 따라 변화하는 실시간 신선식품 수요 알고리즘을 개발하고 이를 연계한 자동 발주 시스템을 만든 것이다. 여기에 IT 기술 기반의 공장 자동화 시스템을 갖추고 소비자 주문이 들어오는 만큼만 생산하고 최소한의 재고를 냉장창고에서 유지하는 '온디맨드On-Demand[3] 생산' 체계를 구현했다고 한다.

---

3) 공급 중심이 아니라 수요가 모든 것을 결정하는 시스템이나 전략 등을 총칭하는 말.

편리함과 재미, 두 마리 토끼를 잡는 VR 쇼핑

아예 과감하게 메타버스로의 채널 전환을 시도하는 업체들도 있다. 2000년대 이후 발전해 온 전자상거래 기술은 유통 과정에 있어 소비자의 결제를 손쉽게 만든 것이 가장 큰 변화이다. 소비자들은 판매 업체가 올려놓은 정보를 기반으로 '구매 결정'을 하고, 최종적으로 '결제'라는 행위를 버튼 하나로 진행한다.

사실 온라인 쇼핑은 '상점에 직접 가지 않아도 된다.', '클릭 몇 번으로 결제할 수 있다.', '문 앞까지 배송받을 수 있다.'라는 장점이 있지만, 오프라인 쇼핑을 완전히 대체하지는 못한다. 쇼핑은 상품을 직접 눈으로 보고 만지고, 여러 매장을 돌아다니며 구경하고 비교하며 카트에 담는 것까지가 한 과정이다. 그러나 온라인 쇼핑은 이러한 과정이 생략되어 있다. 편리하기는 하지만 쇼핑이라는 '경험'이 주는 재미는 적다. 그리하여 최근 유통업계는 VR과 AR 기술을 통해 메타버스를 도입하여 편리함과 경험적 재미를 동시에 제공하고자 한다. 월마트의 VR 쇼핑 경험을 한번 살펴보자.

"모처럼 한가한 주말, 거실에서 뒹굴다 보니 갑자기 와인이 먹고 싶다. VR 디바이스를 착용하고, 월마트 쇼핑을 선택한다. 지난주에 다녀온 월마트 뉴욕점 입구가 보인다. 문을 열면 인공지능 점원이 나를 반겨 준다. 그의 도움을 받을 수도 있고, 아니면 혼자 와인 코너를 찾아갈 수도 있다. 와인 코너에 다다르면, 실제 마트와 똑같은 와인 진열대가 보인다. 와인을 하나둘 손으로 집어 보며 비교한다. 내가 원하는 원산지, 품종, 가격대의 제품을 선택하여 카트에 담는다.

와인 옆 진열대에는 내가 마트 방문 때마다 와인과 함께 구입했던 치즈가 보인다. 인공지능 점원은 와인 페어링을 해 보라며 적극적으로 권한다. 안 살 수가 없다. 치즈를 얼른 집어 카트에 넣는다. 만족스러운 쇼핑을 끝내고 '결제'라고 말하여 결제 창을 띄운다. 배송 방법을 선택하는 창이 뜨고, 특급 배송을 선택한다. 불과 몇 시

ⓒ월마트 홍보 유튜브 영상 캡처

간 뒤 저녁 식사 시간에 딱 맞추어 와인과 치즈는 우리 집에 배달된다."

월마트의 VR 쇼핑은 실제 마트에 방문하여 물건을 고르고, 선택하고, 쇼핑 카트에 넣고, 데스크에서 결제하는 경험을 실제와 매우 유사하게 가상에서 경험하게 해 준다. 이용자들은 물건을 빠르게 구입할 수 있을 뿐 아니라, 쇼핑 과정에서의 재미와 다양한 경험까지 충족할 수 있다.

현실 세계에 가상의 데이터를 겹쳐서 보는 AR 쇼핑

AR 기술도 쇼핑 영역에 파고들고 있다. AR의 기본적인 작동방식은 현실 세계에 데이터를 겹쳐서 제공하는 것이다. 이용자가 현실의 공간이나 사물을 인식할 때, 눈과 귀를 통해 얻을 수 있는 정보는 제한적이다. 하지만 AR 기술을 활용하면 가상공간의 디지털 데이터를 현실 세계에 겹쳐서 제공할 수 있어 이용자는 눈과 귀를 통해 얻는 정보보다 더 많은 정보를 얻을 수 있다. 예를 들어, 명동의 쇼핑 거리에 AR 기술을 적용하면 다음과 같은 경험을 직접 해 볼 수 있다.

"모처럼 필요한 물건을 구입하기 위하여 명동 쇼핑 거리에 갔다. 코로나 시국이라 예전처럼 모든 상점에 들르면서 쇼핑하기는 부담스럽다. 스마트폰에서 명동 쇼핑 AR 어플을 실행한다. 길을 가면서 카메라로 가게들을 하나하나 비춰 보면, 어떤 상품이 있고, 재고가 몇 개 있는지 그래픽과 텍스트로 일목요연하게 보인다. 내가 좋아하는 브랜드 매장이어도 원하는 상품의 재고가

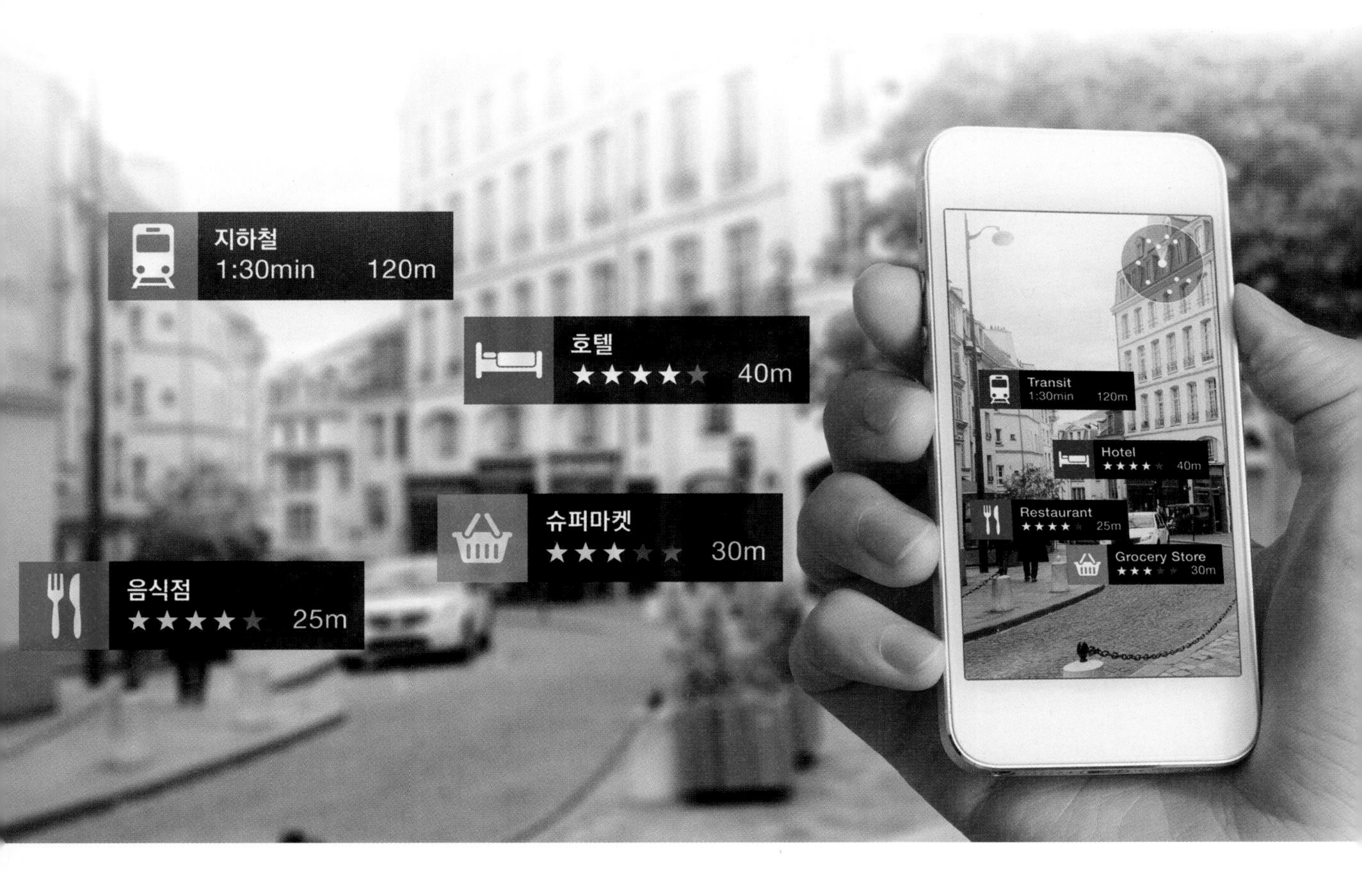

AR 기능을 이용하면 가게들의 정보를 눈으로 바로 확인할 수 있다.

없으면 지나친다. 마침 내가 원하는 브랜드에 사려고 했던 상품의 재고가 있는 것을 확인했다. 가게에 들어가자마자 그 상품을 콕 집어 요청한다. 결제하고 상품을 받아 나오기까지 고작 3분이 걸렸다.

쇼핑을 끝내니 목이 마르다. 눈앞에는 카페나 편의점이 보이지 않는다. 쇼핑 AR 어플을 통해 '카페'라고 검색한다. 화면 속에서 200미터 앞에 카페가 있다고 정보가 뜬다. 마음 편히 200미터를 직진하니 카페가 있다."

AR 쇼핑을 이용하면 물건을 직접 확인하지 않아도 된다. 어떤 품목의 재고가 몇 개 남았는지 내가 원하는 색깔이 있는지 등 상세 정보를 실시간으로 얻을 수 있어서 쇼핑이 한결 수월해진다. 옷을 구입하면 셀카 기능을 이용하여, 나랑 잘 어울리는지 몸에 대어 볼 수 있다. 물론, 실제로 물건을 입어 보는 것이 아니라 가상공간의 그래픽과 현실을 겹쳐서 보여 주는 착시를 활용한 것이다.

스웨덴의 가구업체 이케아IKEA는 최근 코로나 팬데믹으로 인해 오프라인 매장에 손님이 줄어들자 AR 기술을 접목한 애플리케이션 '이케아 플레이스IKEA Place'를 출시했다. 이케아 플레이스는 가상으로 가구를 집에 배치해 볼 수 있는 시뮬레이션 서비스이다. 사고 싶은 가구를 거실이나 방의 빈 곳에 화면을 가져다 대면, 실제 공간에 가구가 배치되어 보이기 때문에 가구가 공간과 잘 어울리는지 미리 확인할 수 있다. 덕분에 사람들은 직접 매장을 가지 않아도 현실로 착각할 만큼 정교한 가상공간에 사고 싶은 가구를 배치해 보면서 구매를 결정할 수 있다.

스마트폰 화면 속에 있는 거실에 이케아의 쇼파를 배치해 본

ⓒ이케아

사람들에게는 스마트폰 화면이 작은 메타버스 세상이다. 최근 한 설문에 따르면 코로나 팬데믹 이후에도 61%의 소비자들은 계속해서 이전보다 더 많은 시간을 온라인에서 보낼 것이라고 한다. 지금까지의 이커머스 플랫폼이 24시간 쇼핑을 가능하게 했다면, 향후 메타버스 쇼핑 플랫폼은 시간과 공간의 제약을 넘어서서, 오프라인 쇼핑과 온라인 쇼핑이 혼합되고 연결되는 쇼핑의 경험을 제공하게 될 것이다.

뉴욕 직원과 서울 직원이 1초 만에 만나는 법

마이크로소프트와 엔비디아는 가상공간에서 팀 협업 및 B2B 커뮤니케이션이 이뤄질 수 있도록 다양한 기능을 개발하고 있다. 마이크로소프트는 2021년 11월에 자사의 가상 현실 플랫폼인 '메시Mesh'와 화상회의 앱인 '팀즈Teams'를 통합한 '메시 포 팀즈Mesh for Teams'를 2022년 상반기에 출시할 예정이라고 밝혔다. 이

호라이즌 워크룸.
ⓒ메타(Facebook)

메시 포 팀즈를 통해 나를 대신한 아바타가 회의에 참가할 수 있다. 마이크로소프트는 물리적인 한계를 뛰어넘어 직원들이 자연스럽게 '연결'되고 '현장감'을 느낄 수 있는 업무 환경을 구축할 예정이다.
ⓒ마이크로소프트 (Mesh for Teams)

서비스를 통해 기존의 팀즈 사용자들은 화상 미팅 대신 디지털 아바타로 가상 미팅에 참여하고 대화할 수 있다.

메시 포 팀즈는 참여자들이 항상 카메라 앞에 있지 않아도 표정, 몸짓 등과 같은 비언어적 의사소통 신호를 공유하는 기능을 제공한다. 그리고 회의 참여자가 같은 공간에 있는 것처럼 느끼도록 설계된 여러 기능이 제공된다. 예를 들어, 참여자들은 화이트보드 기능을 활용해 마치 회의실에 정말 모여 있는 것처럼 함께 메모하면서 회의를 진행할 수 있다. 메시 포 팀즈에 접속하기만 하면 뉴욕 지사의 직원과 서울 본사의 직원이 회의실에서 만나 악수를 하고, 화이트보드에서 브레인스토밍을 하며 회의를 할 수 있는 것이다. 코로나 팬데믹 이후 재택근무 또는 원격 근무를 하던 이들이 사무실로 많이 복귀한다 해도, 메시 포 팀즈가 제공하는 여러 가지 기능을 활용한다면 혼합형 업무 방식을 지속할 수 있을 것이다.

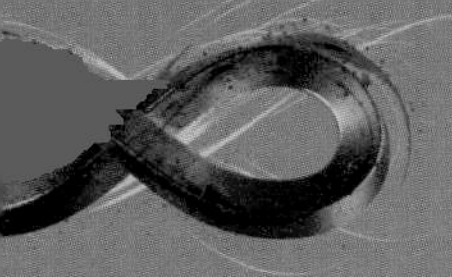

메타버스의 새로운 지배자는?

영화 〈레디 플레이어 원〉 속

오아시스는 암울한 현실과 달리 누구든 원하는 캐릭터로 어디든지 갈 수 있고, 뭐든지 할 수 있으며 상상하는 모든 게 가능한 가상 현실이다.

메타는 영화 〈레디 플레이어 원Ready Player One〉에 나오는 오아시스OASIS처럼 현실 세계의 모든 것이 가능한 메타버스 공간을 지향한다. 그러한 반면에 마이크로소프트와 엔비디아는 특정 비즈니스 환경과 경험을 가상공간으로 이동하고 현실과 연결시키는 데 초점을 맞추고 있다.

마이크로소프트의 '메시 포 팀즈'는 이론적으로 대부분의 비즈니스 회의 유형에서 작동하게 되어 있다. 다만, 메타의 경우와 마찬가지로 전용 AR·VR 헤드셋을 착용해야 한다는 점이 향후 확장력을 저해하는 요인으로 지적받는다. 그리고 엔비디아의 제품은 엔지니어, 디자이너 및 3D 모델 및 가상 세계 구축과 관련된 크리에이티브 전문가를 위해 설계되었기 때문에 더욱 전문화되어 있다.

이러한 점에서 마이크로소프트와 엔비디아의 접근은 더욱 실용적이다. 엔비디아는 옴니버스라는 메타버스 플랫폼을 만들어, 기업들의 메타버스 준비를 돕는다. 예를 들어, 자동차 회사가 자동차를 설계하고자 할 때, 엔지니어가 옴니버스로 구현된 가상

옴니버스를 활용해 만든 BMW 그룹의 가상 공장.
ⓒ엔비디아 옴니버스

옴니버스 플랫폼.
©옴니버스

공간에 들어가 자동차를 설계하고, 이를 가상공간에서 시뮬레이션할 수 있다. BMW그룹도 옴니버스를 적극 활용하고 있다. 신규 공장을 건설하거나 새로운 모델을 생산할 때 가상으로 만든 공장에서 먼저 생산 공정을 점검하면서 현실에서 발생할 수 있는 오류를 바로잡아 비용을 절감한다.

많은 기업이 메타버스라는 새로운 우주를 지배하기 위한 전쟁을 시작했다. 메타, 마이크로소프트, 엔비디아 등 변화를 주도하는 기업들은 오늘날 존재하는 모바일보다 더 개방적이고 몰입도가 높으며 매력적인 메타버스를 꿈꾸고 있다. 누가 가장 먼저 '그럴듯한 우주'에 도달할 수 있을까?

VIRTUAL 02

메타버스와 메타 세계관

메타 트랜스포메이션이 왜 필요할까?

증강 현실AR과 가상 현실VR,
혼합 현실MR은

디지털 세계를 인식하고 상호 작용하는
인류의 방식을 변화시키고 있다.

메타 트랜스포메이션이 왜 필요하고 중요한가? 1990년대 등장한 인터넷은 우리가 사는 방식과 함께, 인간의 소통 방식을 바꿨다. 인터넷이 인류 발전에 미친 중대한 영향 중 하나는 바로 온라인 가상공간에서 서로를 연결시켜 준다는 점이다. 현재 펼쳐지고 있는 메타 트랜스포메이션은 인간이 이 가상공간을 더 적극적으로 활용하게 해 준다. 우리는 더 많은 것을 경험하고, 더 많은 것을 창조하며, 더 다양한 소통을 하게 될 것이다.

바쁘게 일상을 보내는 나 자신에게 이러한 질문을 할 수 있다. 내가 다음 주에 방문해야 할 그곳을 꼭 '실제'로 가야 할까? 내가 사고 싶은 물건이 꼭 '실물'이어야 할까? 내가 만나고 싶은 사람이 반드시 실제 '인간'이어야 할까? 모두 좀 우스꽝스러운 질문이긴 하지만, 진지하게 대답할 필요는 있다. 왜냐하면, 세 가지 질문을 모두 메타 트랜스포메이션으로 해결할 수 있기 때문이다.

> 어떠한 공간에 가야할 때, 꼭 물리적으로 그 공간에 가야할 필요는 없다. → 가상공간
>
> 무엇을 소유하고 싶을 때 꼭 현실 세계의 물건을 소유하지 않아도 된다. → 가상 자산, 콘텐츠
>
> 누군가를 만날 때, 인간의 형태로 만나지 않아도 된다. → 아바타

메타버스 이용자들은 가상공간을 익숙하게 활용하고, 가상 자산을 적극적으로 사용하며, 아바타를 자아의 확장으로 인식한다. 앞서 말한 바와 같이 메타버스 이용자들의 세계관은 현실 세계에 관한 한계 인식에서 출발한다. 현실 세계의 시간과 공간, 재

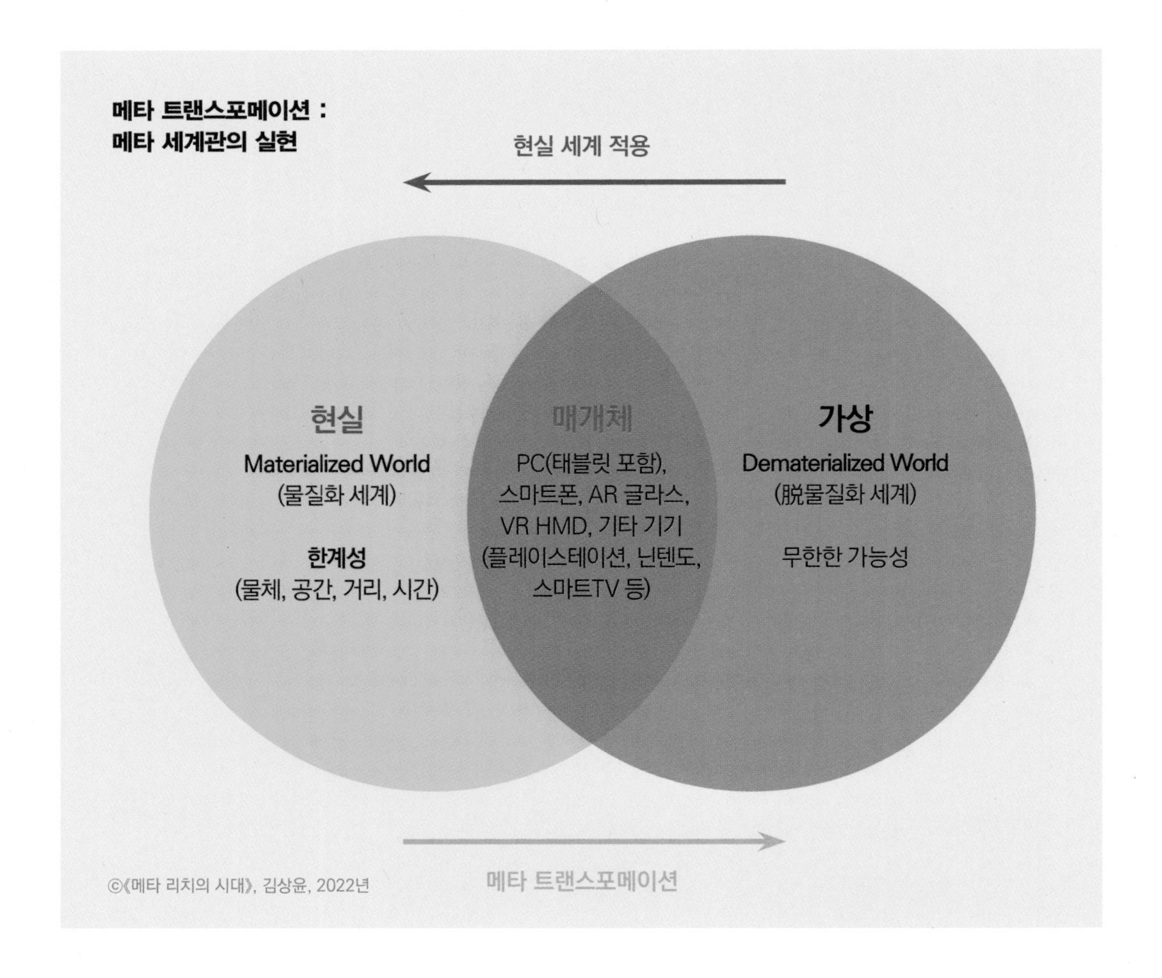

화에 관한 한계를 인식하고 이를 해결하며, 부족한 욕구를 채우기 위한 수단으로 가상공간을 바라본다. 그러므로 그들에게 가상공간은 무한한 가능성이 있는 공간이며, 남들보다 한발 앞서서 가상 세계에 적응하고, 그 속에서 경쟁력을 높여 새로운 기회를 창출하고자 한다. 이러한 가상 세계가 곧 메타버스이며 가상 세계로의 적응 및 적용 과정이 메타 트랜스포메이션이다.

미래학자 로저 제임스 해밀턴Roger James Hamilton은 "2024년에 우리는 현재의 2D 인터넷 세상보다 3D 가상 세계에서 더 많은 시간을 보낼 것"으로 예측하였다. 실제 로블록스나 제페토의 주 이용 계층인 10대들은 하루 평균 2~3시간을 메타버스 세상에서 살아가고 있다. 그들이 메타버스 가상공간에서 머무는 시간이 늘어나고 가상공간에서 일어나는 소통과 거래의 영역이 확대될수록, 인류는 메타버스 속에서 새로운 문명을 만들어 갈 것이다.

메타 세계관과 아바타

아바타로 살아가는
메타버스 세상이
어느덧 우리 일상 속으로
들어오고 있다.

메타 세계관을 가진 사람들은 현실 세계의 자아를 확장하고, 연결하는 차원에서 아바타를 적극 활용한다. 다시 말하면, 아바타는 현실 세계 '나'의 복사본이 아니라 나를 보완해 주거나, 혹은 나를 대체하는 수단이 된다. 특히, MZ 세대와 알파 세대[4)]가 향후 메타 세계관을 주도할 가능성이 크다. 디지털 네이티브(Digital Native : 디지털 원주민)라 할 수 있는 이들은 거부감 없이 가상공간을 이용하면서 메타버스를 새로운 소통 공간으로 어렵지 않게 활용하고 있다. 이러한 MZ 세대와 알파 세대의 재미난 놀이 문화에서 메타버스가 적용되기 시작하고, 이후 다른 세대로 널리 확산되는 양상이다.

요즘 10대들이 노는 법을 보면 메타 세계관이 여실히 드러난다. 메타버스 가상공간에서의 경험을 현실 세계에서의 그것과 똑같이 여긴다. 놀이공원, 유명 관광지, 동네 숨겨진 맛집 등 기성세대가 현실 세계에서 경험하고, 주변인에게 공유하는 것을 10대들은 가상 세계에서 활용한다. 2021년 11월에 오픈한 제페토의 롯데월드에는 매일 수백 명의 10대 아바타들이 다녀갔다. 그들은 가상 롯데월드를 구석구석 탐방하면서 숨겨진 '뷰 맛집'인 히든 스폿Hidden Spot 찾아내기 놀이를 하며 찍은 사진을 공유했다. 그들은 현실 세계에서 하는 것과 똑같은 경험을 가상 세계에서 하고, 이를 공유하며 그 가치를 인식한다. 아바타가 아틀란티스라고 하는 놀이 기구도 직접 타 볼 수 있는데, 놀이 기구별로 타 본 경험을 공유하면서 서로 소통한다.

그들에게 메타버스 세상은 아바타라고 하는 또 다른 자아가 살아가는 공간이다. 그들은 제2의 자아인 '부캐'에 관한 욕망이 강하다. 현실 세계에서 충족되지 못한 욕망 해결의 창구를 찾은

---

4) 2010년대 초반부터 2020년대 중반 사이에 태어난 세대. Z세대의 뒤를 이어, 온전히 디지털화가 된 시기에 태어난 첫 세대를 일컫는다.

2021년 10월에 오픈한 제페토의 롯데월드
방문자는 3주 만에 300만 명을 돌파했다.
ⓒ롯데월드

이들은 또 다른 자아를 만들어 가상 세계에 접속하고 있다.

자라온 환경에 비해 최근 점점 우리 사회의 부의 양극화가 심해짐에 따라 MZ 세대, 알파 세대가 메타버스에 특별히 더 관심을 두는 경향도 있다. 특히, MZ 세대는 기성세대가 부동산을 통해 막대한 부를 축적하는 것을 봐 왔기에 그 상실감이 상대적으로 크다. MZ 세대에게 기성세대가 점유하고 있는 현실 세계의 부동산, 주식, 예술품 시장과 달리 메타버스는 아직 기득권자가 없는 새로운 기회의 세상으로 비치고 있다. 우리나라의 경우, 88년 서울 올림픽 전후로 태어난 M세대, 그 이후의 Z세대, 알파 세대는 주로 형제자매가 둘이거나 혹은 외동인 경우가 많고 과거 대비 넉넉한 가정 환경에서 자랐다. 이들에게 고착화된 부의 질서는 더 답답하게 느껴질 수밖에 없다. 메타버스는 그들의 답답함을 해소해 주는 돌파구로 인식되고 있다.

최근 한 보험업체의 광고 모델로 등장해 현재 다른 기업의 모델로까지 활동하고 있는 가상 인플루언서 '로지' 열풍도 같은 맥

버추얼 인플루언서 로지.
ⓒ신한라이프

사이버 가수 아담.
ⓒ아담소프트

락으로 이해할 수 있다. 기성세대들이 만들어 놓은 질서와 제도, 부의 창출 방식에서 벗어나 메타버스 가상 세계를 적극적으로 활용하는 MZ 세대들을 중심으로 로지는 친숙하고 익숙한 동료이다. 그들은 점점 가상 세계의 활용도를 높이다 보니 가상 세계의 온전한 나me가 필요하게 되었고, 메타버스 플랫폼 속의 아바타를 곧, 나의 디지털 자아로 인식하게 되었다. 가상 인플루언서 '로지'에게 보내는 관심도 내가 가진 세계관에 관한 동질감, 아바타에 관한 친숙함을 느끼는 차원에서 비롯된 측면이 강하다. 과거 '아담'과 같은 사이버 가수가 크게 반향을 일으키지 못한 것은 그 당시 주요 소비 계층이 아바타에 관한 친숙함과 익숙함이 부족했기 때문이기도 하다.

최근 방탄소년단이 뮤직비디오에 메타버스와 AR을 활용하고, SM엔터테인먼트의 아티스트 에스파가 아바타로도 활동하는 것도 주요 소비 계층인 MZ 세대의 메타 세계관, 아바타 세계관이 점차 확산하고 있기 때문이기도 하다. 에스파는 현실 세계에 존재하는 4명의 멤버와 가상 세계인 '광야'에 존재하는 아바타 멤버 아이-에스파 4명으로 구성된 8인조 그룹이다. 현실과 가상의 연결을 통해 만나고, 서로 소통하고 교감하며 성장해 가는 스토리를 가지고 있다. SM은 향후 데뷔시킬 아티스트들과 레이블에도 메타버스 세계관을 적용할 예정이라고 한다. 이렇듯, 최근 연예기획사들도 글로벌 K-POP 붐업과 함께 메타 트랜스포메이션을 새로운 도약의 기회로 판단하고 있다.

현실 세계 멤버 4명과 가상 세계 광야의 멤버 아이-에스파가 함께 한 8인조 단체 사진.
ⓒSM엔터테인먼트

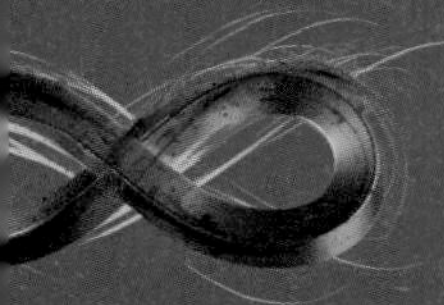

메타버스 K-POP 플랫폼

K-POP의 위상이
높아지고 있는 가운데 '위버스', '버블',
'유니버스' 등 팬플랫폼의 인기가 뜨겁다.

SM, 하이브, JYP 등 주요 연예기획사들도 메타 트랜스포메이션 경쟁을 시작했다. 연예기획사들은 주로 K-POP 팬덤을 형성하기 위한 메타버스 플랫폼 및 아티스트 IP(지식재산권) 기반의 NFT 제작을 중심으로 메타 트랜스포메이션을 전개하고 있다.

내가 좋아하는 아티스트가 내 이름을 불러 주고, 그와 1대1로 대화할 수 있다면 얼마나 좋을까. 인스타그램에 올라오지 않는 그의 진짜 사생활을 실시간으로 공유할 수 있다면 얼마나 좋을까. 안타깝게도 우리의 스타들은 모든 팬과 1대1로 소통할 수는 없다. 아주 짧은 시간 동안만이라도 그와 1대1로 대화하고 싶어서 팬 사인회에 가기 위해 갖은 노력을 다 하지만 모든 사람이 팬 사인회에 갈 수는 없고 이마저도 코로나19로 인해 막혀 버렸다. V앱에서 만나더라도 그와 1대1로 대화하는 것 같은 사적인 느낌은 받지 못한다. 아티스트는 1명이기에 현실 세계에서는 팬들의 이러한 욕구를 충족시켜 줄 수 없지만, 가상 세계에서는 가능하다.

SM엔터테인먼트의 자회사 디어유가 제작한 메타버스 플랫폼 '버블'은 아티스트와 팬이 1대1로 대화하는 것 같은 느낌을 생생하게 구현하여 팬들에게 큰 인기를 얻었다. 버블은 아티스트와 팬이 대화할 수 있는 모바일 메신저로 구독 서비스를 통해 이익을 실현하는 플랫폼이다. 만약 내 닉네임은 로지이고, NCT127 정우의 버블을 구독한다고 가정해 보자. 메신저 창에 입장하자마자 그가 나의 이름을 부르며 반갑게 인사한다. "로지야 안녕". 이후에도 "로지야 밥 먹었어?" , "로지야 오늘 저녁은 뭐 먹을지 추천해 줘." 이런 식으로 나의 닉네임을 불러 준다. 인스타그램에 올라오지 않는 사적인 사진, 영상과 음성 메시지도 보내 준다. 나는 메신저를 통해 그와 실시간으로 대화할 수 있다. 마치 카카오톡처럼 그가 아직 내 메시지를 읽지 않았으면 내 메시지 옆에 1이 보이고, 그가 읽으면 1이 사라진다. 첫인사만 AI봇이 나의 닉네임을 활용해 아티스트가 등록한 메시지를 보내 주는 것이고, 그 외에는 실제로 아티스트가 나에게 메시지를 보내 준 것이다. 어떻게 구현한 것일까?

버블은 팬들이 사용하는 서비스와 아티스트가 사용하는 서비

ⓒ디어유

스로 나뉜다. 아티스트가 예를 들어 "@@야 오늘 점심 메뉴 추천 해 줘."라고 메시지를 전송하면, @@ 자리에 팬들의 닉네임이 삽입되어 전송된다. 이와 같은 기능을 통해 아티스트는 다수에게 같은 메시지를 보냈지만, 팬들은 아티스트가 1대1로 내 이름을 불러 준 것 같은 느낌을 받는다. 팬들이 보낸 메시지는 모두 아티스트에게 전송된다. 아티스트는 이 메시지를 읽고 답장을 해 주기도 하고, 혹은 모두가 공감할 수 있는 얘기를 던진다. "@@야 오늘 저녁 뭐 먹을까?" 그럼 팬들은 여러가지 의견을 보내겠지만 치킨, 피자, 샐러드, 햄버거 등 많은 사람이 좋아하는 메뉴를 보내는 사람도 상당수일 것이다. 그것을 읽은 아티스트는 "음, 치킨? 오늘은 치킨은 안 땡기네. 그래 샐러드 먹을게."라고 답한다. 이때 팬들은 자신이 보낸 메시지를 아티스트가 읽었다는 사실에

굉장히 큰 만족감을 얻는다.

UI, UX(User Interface, User Experience: 사용자 인터페이스, 사용자 경험) 디자인적으로도 우리가 자주 사용하는 카카오톡과 같은 메신저와 매우 유사한 느낌으로 제작하여 친숙한 느낌이 들도록 했다. 메시지 창 옆의 1로 아티스트가 나의 메시지를 읽었다는 것을 표시해 주는 덕분에 팬들은 수시로 버블에 접속해서 내 메시지 옆의 1이 사라졌는지 확인한다. 아티스트가 메시지를 보냈을 때 바로 알람이 울릴 수 있도록 알람을 허용해 놓고, 알람이 울릴 때마다 큰 기쁨을 느낀다. 이처럼 버블은 AI를 통해 팬이 아티스트와 1대1로 대화하는 것과 유사한 느낌을 구현했다. 코로나19로 인해 아티스트를 만날 수 있는 기회가 줄어든 타이밍에 버블의 인기는 더욱 높아졌다. 버블의 구독료는 아티스트 1명당 4,500원으로 커피 한 잔 값에 서비스를 이용할 수 있어서 1명이 아닌 여러 명을 구독하는 팬들도 많다.

NCT, 에스파, 샤이니 등 SM엔터테인먼트에 소속된 스타 외에 다른 소속사의 스타도 버블로 만날 수 있다. 트와이스, 있지 등이 소속된 JYP엔터테인먼트나 오마이걸이 소속된 WM엔터테인먼트 등 디어유와 계약한 소속사의 아티스트도 버블로 만나 볼 수 있다. 아이돌 팬들 사이에서 버블의 인기는 더욱 높아졌고, 버블에서 만날 수 없는 스타를 덕질하는 팬들은 해당 소속사에 버블과의 계약을 요청한다. 최근 디어유는 스포츠 쪽으로도 그 영역을 확장하여 2022년 3월 기준 현재 에이전시 39개 74팀 267명의 스타를 보유하고 있다. 앞으로는 해외 아티스트도 입점할 계획이라고 한다.

하이브는 직접 엔터테인먼트 플랫폼 위버스를 개발했다. 위버스에서는 하이브 계열사의 아티스트를 한번에 만나 볼 수 있으며, BTS, 세븐틴 등 41팀의 막강한 스타 라인업을 소유하고 있다. 위버스는 커머스 플랫폼 위버스샵Weverse Shop과의 연동으

위버스 이미지.
ⓒ위버스

로 하나의 통합된 위버스 생태계 안에서 다양한 소비활동을 종합적으로 가능케 한다. 아티스트 공식 상품뿐 아니라, 온라인 공연, 영상 콘텐츠, 글로벌 공식 멤버십까지 팬덤 활동에 필요한 대부분의 경제활동이 위버스와 위버스샵을 통해 이뤄지고 있다. 현재 전 세계 238개 국가·지역에서 이용하는 위버스는 2021년 4분기 평균 월 방문자 수MAU가 작년 동일 기간(470만 명) 대비 약 45%가량 늘어난 680만 명이다.

한편 위버스는 브이라이브V LIVE가 위버스와 통합되어 앞으로 '위버스 2.0'을 론칭할 예정이라고 밝혔다. 브이라이브는 2015년 네이버에서 출시한 인터넷 방송 플랫폼으로 배우, 아이돌 등 수많은 스타들이 라이브 방송을 진행하며 인기를 끌었다. '위버스 2.0'에는 생동감 있는 팬 경험을 위한 브이라이브의 '스폿 라이브' 기능이 추가된다고 한다. 더불어 하이브는 검색, 인공지능 등 네이버의 강력한 연구개발R&D 역량과 시너지를 창출해 한층 업그

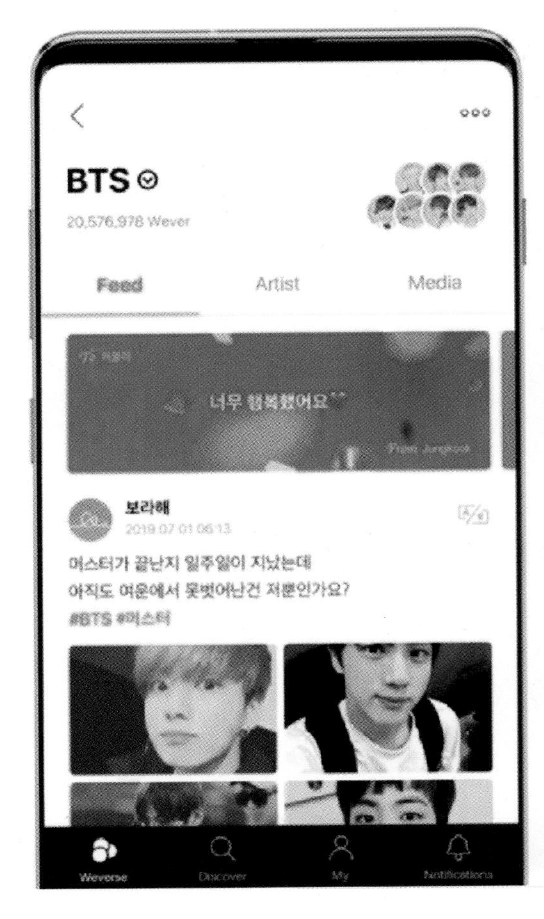

브이라이브 이미지.
ⓒ네이버 브이라이브(V앱)

레이드된 새로운 팬덤 플랫폼을 선보이겠다고 전했다.

브이라이브는 지난해 기준, 다운로드 수 1억 건, 월간 이용자 수만 3,000만 명에 달한다. 위버스와 단순 합산해도 글로벌 월간 이용자 수가 3,700만 명에 달한다. 한국투자증권은 브이라이브와 위버스 통합 플랫폼의 월간 이용자 수가 올해 안으로 4,500만명에 이를 것으로 분석했다. 또 전략적 파트너십을 체결한 핀테크 업체 두나무와의 대체 불가능한 토큰NFT 사업도 위버스와 연계될 것으로 점치고 있다. 이기훈 하나금융투자 연구원은 "위버스 2.0 업데이트는 커뮤니티, 콘텐츠, 커머스를 강화하는 것으로 브이라이브를 통해 체류 시간을 늘리는 동시에 NFT가 아티스트와

유니버스 이미지.
ⓒ엔씨소프트

팬이 소통하는 형태의 매개체로써 활용될 것"이라고 했다. 위버스 관계자는 "위버스는 커뮤니티, 커머스, 콘텐츠 기능을 모두 갖춘 유일무이한 팬덤 플랫폼으로서 고유 기능을 강화하면서도, 새로운 기술과 서비스가 융합된 새로운 팬덤 라이프 스타일을 경험할 수 있도록 보다 고도화된 '위버스 2.0'을 상반기 중 선보일 것"이라고 말했다.

이미 메타버스 플랫폼 구현에 특장점을 지닌 게임 회사도 메타버스 엔터테인먼트 플랫폼 경쟁에 뛰어들었다. 국내 대표적인 게임 개발사 엔씨소프트는 2021년 1월 K-POP 엔터테인먼트 플랫폼 '유니버스UNIVERSE'를 출시했다. 유니버스는 엔터테인먼트, 음악, 게임 등 다양한 서비스를 함께 제공하는 메타버스 플랫폼이다. 엔씨소프트는 게임 기업의 장점을 살려 출시 시점부터 다양한 형태의 월정액 서비스와 과금 체계를 만들었으며, 랭킹 시스템, 아바타 등 향후 메타버스 플랫폼으로의 전환이 쉽도록 플랫폼을 설계했다.

유니버스는 K-POP 팬덤 활동을 현실 세계와 가상 세계를 연결하여 누릴 수 있는 경험을 제공한다. 유니버스 내의 '유니버스 스튜디오'에서는 아티스트가 직접 모션 캡처를 촬영하여 제작한 3D 아바타를 꾸밀 수 있고, 아바타를 활용해 3D 가상공간에서 뮤직비디오를 제작하거나 편집할 수 있다. 이렇게 메타버스 공간에서 다양한 경험을 제공해 준다는 점이 엔터테인먼트사에서 만든 플랫폼과의 확실한 차이점이다. 또한 '프라이빗 메시지'라는 기능을 통해, 내가 좋아하는 아티스트와 서로 1:1로 대화하는 듯한 경험을 제공한다. 현재 국내를 비롯하여 미국, 일본, 대만, 태국, 필리핀 등 134개국에 동시 출시한 후 현재 서비스 국가를 233개국까지 늘려 서비스 중이며, 글로벌 이용자의 비중이 89%에 달한다고 한다.

앞으로 유니버스는 엔씨소프트에 소속 아티스트가 없다는 점을 어떻게 커버하느냐가 성장의 척도가 될 것이다. 엔터테인먼트 플랫폼의 중요한 경쟁력은 아티스트 라인업이다. NCT, 에스파 등이 소속된 SM엔터테인먼트의 버블과 BTS, 세븐틴 등이 소속된 하이브를 엔씨소프트가 이겨 낼 수 있을까? 현재 유니버스에서

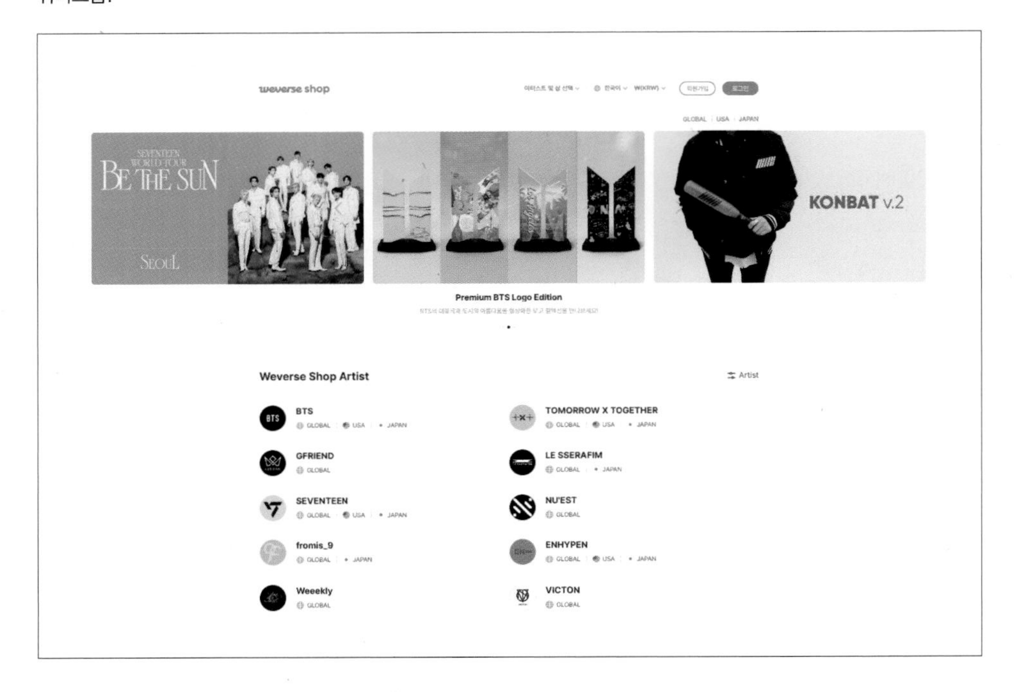

위버스숍.

는 카카오 엔터테인먼트 소속의 몬스타엑스를 비롯해 브랜뉴 뮤직의 AB6IX, 브레이브 사운드의 브레이브 걸스, 마루 기획의 박지훈 등의 스타를 만나 볼 수 있다. 다들 대단한 글로벌 스타들이지만, 소속 아티스트와 계약 아티스트는 엄연히 다르다. 또한 앞으로 나올 신흥 K-POP 스타들은 SM엔터테인먼트나 하이브에서 데뷔할 가능성이 높다. 소속 아티스트가 없는 엔씨소프트는 이 점을 어떻게 해결해야 할지 고민해야 할 것이다.

아바타의 패션

온라인 아바타 용품 시장은

2017년 300억 달러에서 올해 500억 달러 규모로
성장할 것으로 예상된다.

사람들이 메타버스 가상공간을 자신의 제2의 자아가 살아가는 공간으로 인식하기 시작하면서 현실 세계에서는 금전적 제약으로 미처 채우지 못한 욕구를 가상공간에서 충족하고 있다. 게다가 가상에서 손쉽게 원하는 아이템을 제작하여, 새로운 부를 창출하기까지 한다.

가입자 수 2억 4,000만 명 돌파('21년 3분기 기준), 하루 약 200만 명의 이용자가 몰리는 화제의 메타버스 플랫폼이 있다. 아시아에서 가장 인기 있는 메타버스 플랫폼 제페토이다. 사람들은 제페토에서 아바타 셀카를 찍기도 하고, 유명한 곳에 방문하여 인증사진을 찍으며 현실 세계를 뛰어넘는 다양한 경험을 한다. 현재 전 세계적으로 가장 이용자가 많은 메타버스 플랫폼인 로블록스의 일일 활성 이용자가 4,700만 명('21년 3분기 기준)인 것에 비교하면 크게 못 미치긴 하지만, 제페토는 다른 메타버스 플랫폼과 다

로블록스.

포트나이트.

른 독보적인 영역을 구축하고 있다. 먼저 제페토 이용자 구성을 보면 90%가 외국인이며, 그중 80%가 13~24세 그룹이다. 그리고 이용자의 약 70%가 여성이다. 아시아인, 젊은 여성, 10~20대가 주 타깃이다. 그리고 현재 대표적인 메타버스 플랫폼인 로블록스, 포트나이트, 동물의 숲 등을 이용자들이 '게임 공간'으로 인식하고 있지만, 제페토는 이용자들이 게임보다는 주로 자신의 디지털 자아인 '아바타'가 살아가는 공간으로 인식하고 있다는 점이 가장 큰 특징이다.

제페토의 이용자들이 제페토를 단순히 '게임 공간'이 아니라 자신의 제2의 자아가 살아가는 공간으로 인식하는 만큼, 제페토 안에서는 현실 세계와 유사한 형태의 경제활동이 일어나고 있다. 대표적인 사례로 명품 브랜드의 메타버스 플랫폼 입점을 들 수

동물의 숲.

있다. 구찌는 2021년 2월 제페토에 이탈리아 피렌체 본사를 배경으로 한 가상 매장 '구찌 빌라'를 열었다. 이용자들은 자신의 아바타로 직접 구찌 패션 아이템을 착용해 볼 수 있다. 구찌 외에도 디올, 나이키, 랄프 로렌 등 대형 패션 브랜드들도 제페토에서 가상 의류 컬렉션을 공개했다. 그뿐 아니라 가수 겸 배우 셀레나 고메즈와 K-POP 아티스트 블랙핑크가 제페토 안에서 단독 상품을 판매하고 팬 미팅을 진행하기도 했다.

이처럼 유명 브랜드가 제페토에 관심을 두는 이유는 두 가지다. 첫째는 제페토의 주 이용자층인 10대, 20대에게 브랜드 인지도를 높이려는 목적이다. 둘째는 제페토라는 가상 세계에서 현실 세계만큼이나 다양한 경제활동이 이뤄지고 있다는 측면에서, 제페토가 새로운 시장으로서 가능성이 있는지 살펴보려는

제페토와 구찌의 협업.
ⓒ구찌 홈페이지

목적이다.

현재 제페토에서는 약 15억 개의 가상 패션 아이템이 판매되고 있다. 아이템 대부분은 독립 제작자, 즉 개인이 제작한 것이다. 제페토는 아이템을 창작할 수 있는 서비스를 출시하면서 현존하는 그 어떤 글로벌 메타버스 플랫폼에 비해 가상 패션 아이템 시장이 현실의 패션 시장과 가장 유사하게 형성되고 있다.

인류 역사상 의복 산업이 대량 생산 형태를 갖춘 것은 1700년대 무렵이다. 당시, 산업혁명으로 인해 기계가 발달하게 되었고, 패션 디자이너들의 창작물을 기계로 손쉽게 방적, 직조, 봉제하게 되면서 대량생산 산업으로 성장했다. 그러나 1700년대 이전까지만 해도, 개인이 직접 의복을 생산하는 경우도 많았으며, 소수의 장인들이 만든 맞춤형 제품을 구입하는 전문가의 영역이기도 했다. 헤르메스Hermes, 루이뷔통Louis Vuitton과 같은 명품 브랜드들도 소수의 장인들이 가업을 이어 가면서 의복을 만들다가 현재의 명품 브랜드에 이르게 되었다. 제페토의 패션 아이템 시장은 이러한 의복 산업 초기의 모습과 닮아 있다. 그러므로 메타버스를 기존 패션 산업과 대비되는 개념으로 볼 것이 아니라 의류를 이해하고 활용하는 방법을 넓히는 한 단계 확장된 세계로 접근할 필요가 있다. 이후에 소개할 아이템 크리에이터들은 1700년대 장인들처럼 자신만의 패션 아이템을 창작한다. 그리고 맞춤형 유통 방식으로 거래가 이루어진다.

구찌 빌라.
©구찌 홈페이지 갈무리

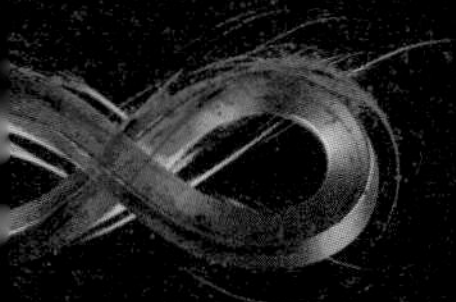

성별, 인종, 계층의 경계가 무너지다

메타버스 세상에서는

새로운 인간 관계가 만들어진다.

외모, 국적, 인종, 나이 등은 더 이상 중요하지 않다.

메타버스에 가장 익숙한 계층인 10대들은 기성세대보다 성별, 인종, 국가적 경계가 약하다. 시간과 공간적 제약 없는 온라인 기반의 메타버스 플랫폼에서는 성별의 경계가 불분명하고 현실 세계의 개인정보를 드러내지 않아도 되는 아바타로 활동하다 보니, 현실 세계의 인간 구분 기준은 필요하지 않다. 전 세계적으로 기성세대가 지니고 있는 인종 차별, 성 차별, 국적 차별 인식이 향후 메타버스를 적극 활용할 세대에게는 이어지지 않을 가능성이 크다.

미국 10대를 대상으로 한 설문조사를 보면, 최근 그들은 주로 온라인에서 친구들을 만나고 있었다. 60%는 매일, 20%는 일주일에 한 번 정도 온라인에서 친구를 만나고 있으며, 현실 세계에서 대면으로 만나는 경우는 그보다 낮은 24%, 26% 수준이었다. 그리고 미국의 10대들은 60%가 매우 친한 이성 친구를 한 명 이상씩 보유하고 있으며, 인종이 다른 친구, 국가가 다른 친구, 종교가 다른 친구도 50% 내외의 비율로 각자 보유하고 있었다. 기성세대에 비해 상대적으로 높은 비율이다.

이러한 조사 결과를 바탕으로 보면 로블록스나 제페토 세계에서 일상을 보내는 미국 10대들은 메타 세계관을 통해 기성세대가 가진 성별, 인종, 계층적 차별에서 상당 부분 벗어나 있는 것으로 보인다.

물론 10대들이 메타버스 가상공간을 적극적으로 활용하게 되면서 나타나는 부작용도 있다. 게임과 현실을 혼동하여 현실 세계에서도 폭력성을 보이는 점이 대표적인 사례다. 게임과 현실을 착각한 10대들의 폭력성은 폭언, 폭행에 머무르지 않고, 성희롱과 성폭력에 이르기까지 날이 갈수록 그 정도가 심각해지고 있다. 교육부가 발표한 '2020년 학교 폭력 실태조사' 결과에 따르면 지난해 학교 폭력 피해자 가운데 사이버 폭력을 경험한 비율은 12.3%에 달했다. 2013년 조사 이후 가장 높았다. 사이버 폭력

미국 10대는 친구와 어디에서 시간을 보내는가?
매일 또는 거의 매일
일주일에 몇 번
그보다 적게
온라인
60
21
19
대면
24
26
50
· 참고: 응답하지 않은 사람은 표시되지 않았다.
©〈10대의 소셜 미디어 습관 및 경험〉 2018년 3월 7일~4월 10일

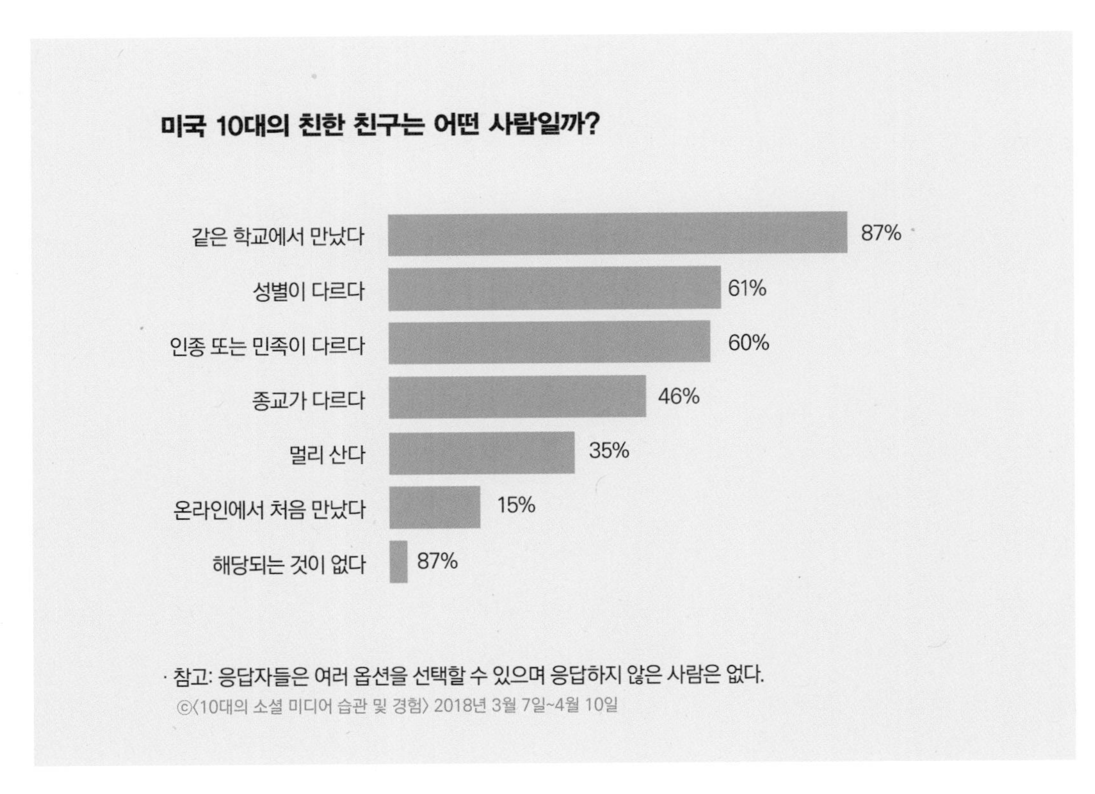
미국 10대의 친한 친구는 어떤 사람일까?
같은 학교에서 만났다
87%
성별이 다르다
61%
인종 또는 민족이 다르다
60%
종교가 다르다
46%
멀리 산다
35%
온라인에서 처음 만났다
15%
해당되는 것이 없다
87%
· 참고: 응답자들은 여러 옵션을 선택할 수 있으며 응답하지 않은 사람은 없다.
©〈10대의 소셜 미디어 습관 및 경험〉 2018년 3월 7일~4월 10일

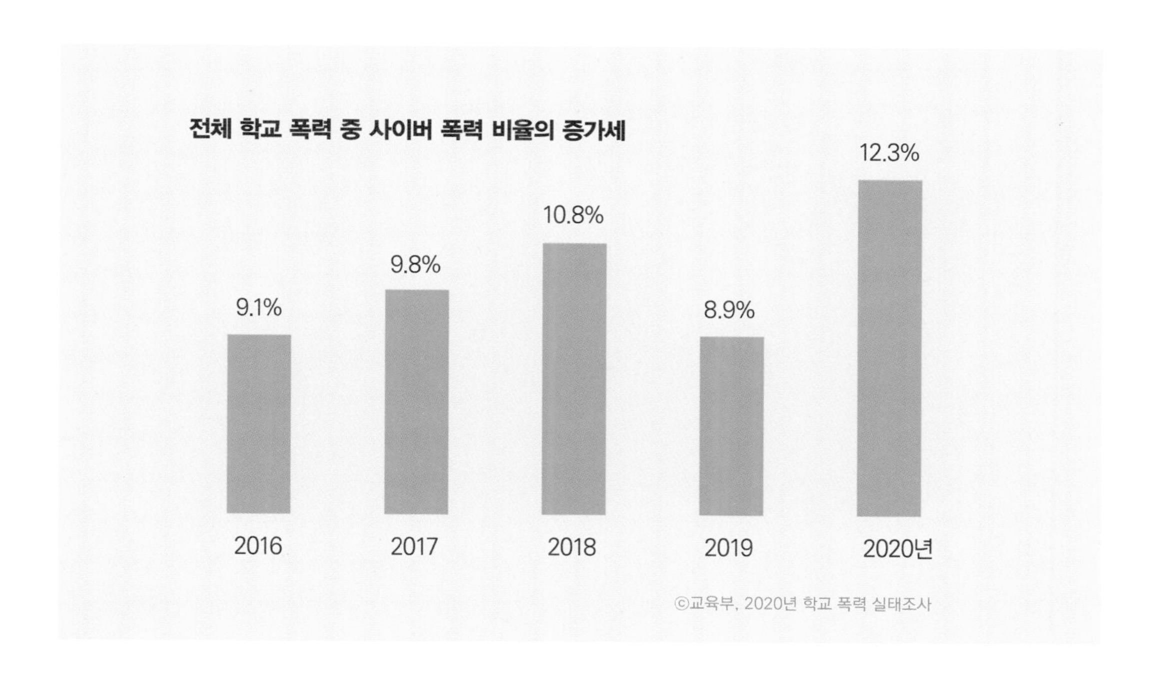

학교급별 사이버 폭력 피해 경험률(단위: %)

10.2	18.1	15.4
초등학교	중학교	고등학교

©교육부, 2020년

피해 학생 비율은 2013년 이후 꾸준히 9% 안팎을 유지하다가 2019년 8.9%로 떨어졌는데 지난해 다시 크게 올랐다.

이처럼 메타버스를 적극적으로 활용하는 계층에서 나타나는 여러 가지 긍정적, 부정적 사회적 영향력을 어떻게 받아들이고, 개선해 나갈 수 있을지 사회적 합의가 필요한 시점이다.

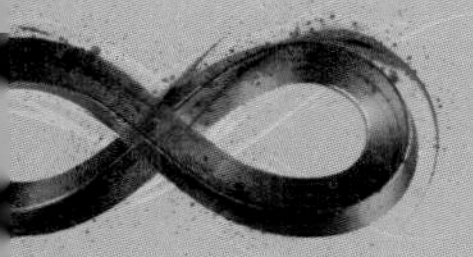

메타버스 세계의 새로운 질서가 필요하다

메타버스는 이점과 단점을
마치 동전의 양면처럼 가지고 있다.
많은 사람이 메타버스 세계에 진입하기 위해서는
기존 제도와 생각을 뛰어넘는 '메타 상상력'이 필요하다.

1967년, 미국 국방부 산하 고등 연구국 아르파ARPA는 최초의 인터넷망으로 알려진 아르파넷ARPAnet을 구축했다. 아르파넷은 핵전쟁에서도 살아남을 수 있는 정보 교환망으로, 미국의 로스앤젤레스 대학교, 스탠퍼드 연구소, 캘리포니아 대학교, 유타 대학교까지 네 곳을 연결한 최초의 보안 통신망이었다. 그런데 1970년대 초, 스탠퍼드 대학과 MIT 학생들이 아르파넷을 이용해 마리화나를 거래하는 사건이 발생한다. 이 사건 때문인지 이후 아르파넷은 국방 부문에서 사용되는 밀넷MILNET과 민간이 사용할 수 있는 아르파넷으로 나뉘었다. 아르파넷이 오늘날 우리가 말하는 다크웹은 아니었지만, 이는 비공개망을 통한 최초의 마약 거래 사건으로 남았다. 업계는 이를 정보의 은폐나 범죄 등에 활용되며 바깥에 드러나지 않도록 설계된 네트워크인 다크웹의 시작 지점으로 보고 있다.

향후 다양한 메타버스 플랫폼들이 출시되고, 우리는 현실 세계의 '나'가 아닌, 메타버스 가상공간의 디지털 '나'인 아바타로 일상생활의 많은 시간을 보내다 보면, 일상의 모든 것들이 지금보다 훨씬 높은 수준으로 데이터화되고 활용될 것이다. 메타버스 세상 속 나의 아바타조차도 하나의 데이터이기 때문이다. 이러한 과정에서 많은 메타버스 플랫폼이 우리의 데이터 즉, 개인정보를 합법적이고, 윤리적인 틀 안에서 활용하리란 보장이 없다.

최근 디지털 데이터 활용과 관련하여 EU는 GDPR(General Data Protection Regulation: 개인정보보호법), 국내는 데이터 3법 등 기존의 법 체계를 벗어난 영역을 다스리기 위한 새로운 법 개정을 진행하고는 있으나, 기술의 변화 속도를 따라가기는 힘든 실정이다. 좋지 못한 의도를 가진 일부 메타버스 플랫폼들이 다크웹으로 이용될 가능성도 있다. 또한, 개인의 데이터를 제대로 관리하는 메타버스 플랫폼이라 하더라도, 일부 관리자 혹은 범죄와 연계된 집단이 다른 이용자의 데이터를 마구잡이로 빼내어 활용할 수도 있다. 메타 트랜스포메이션 시대를 제대로 맞이하기 위해, 우리 사회의 사이버 보안과 데이터 처리에 관련된 기술 및 법적, 제도적 정비가 필요한 이유이다.

AI의 의도치 않은 일탈도 고려해 볼 수 있다. '인간이라면 편견이 항상 존재한다.'라는 말이 있다. 그런 인간이 AI 시스템을 설계하다 보니, AI에도 편견이 반영될 수 있다. 세계 최고 개발자들이 모여 있는 아마존도 비슷한 사례를 겪었다. 아마존 인사팀은

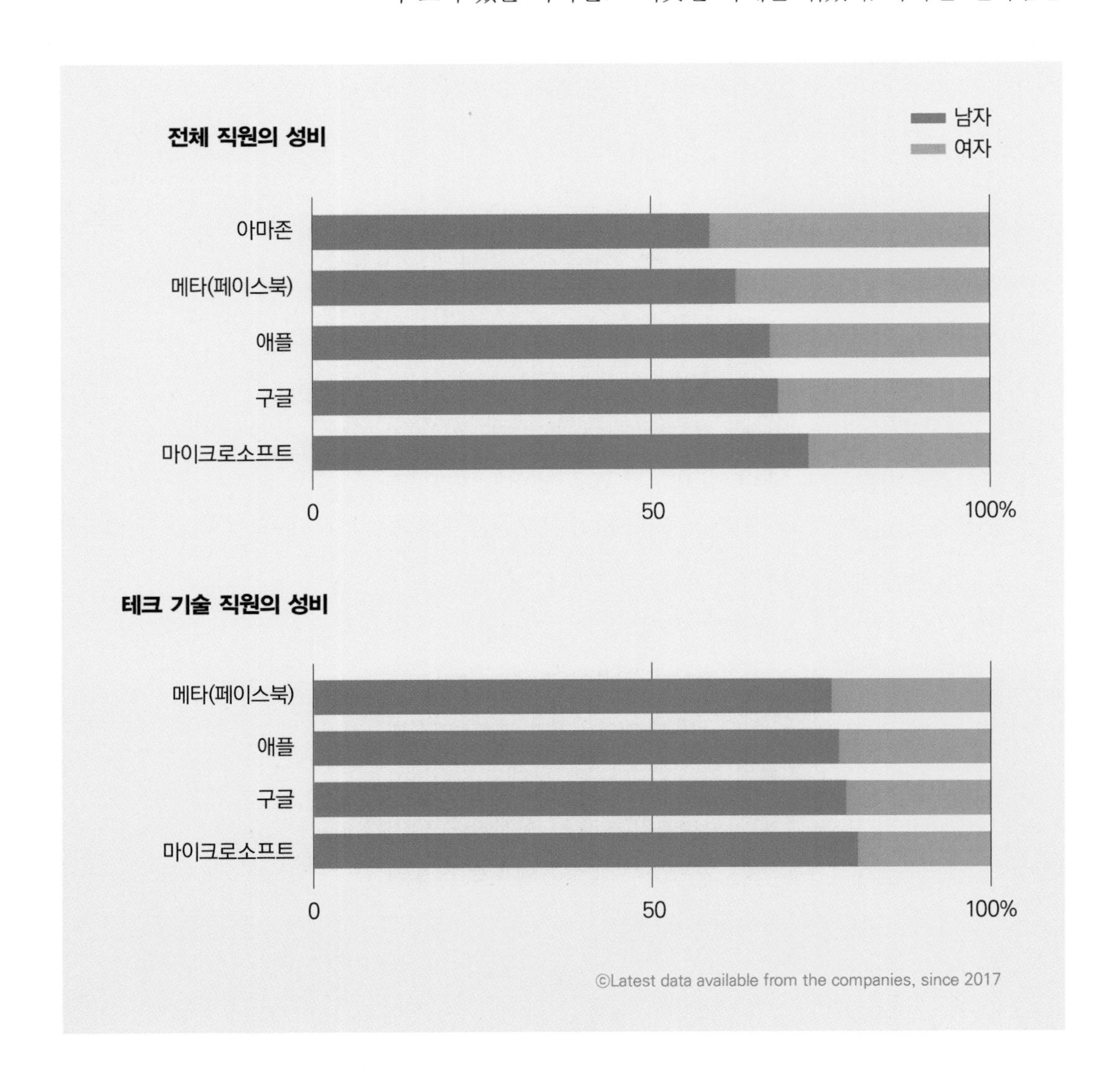

2018년 큰 결심을 했다. 지금껏 사람이 사람을 뽑다 보니, 남성 중심, 백인 중심 등 일부 편견들이 존재하는 것으로 파악되어 이제부터 AI를 통해 채용을 진행하자는 것이었다. 아마존의 개발자들은 AI 채용 시스템을 개발했고 실제 인사 채용에 활용하게 되었는데, 생각지도 못한 결과가 나왔다. 인간이 갖고 있던 남성 중심, 백인 중심의 편견을 AI도 그대로 가진 것이었다. 오히려 더 빠르고 더 쉽게 남성과 백인 위주로 채용 결과를 알려 줬다. 그 원인은 바로 AI가 학습한 데이터에 있었다. AI에게 지난 수년간 아마존의 채용 과정, 결과 데이터를 학습시켰고, 인간에게 존재한 편견을 그대로 학습한 AI는 오히려 편견을 더욱 최적화하여 결과를 만들어 내게 된 것이다.

우리 인류가 메타버스 플랫폼을 다양하게 활용할수록, 데이터 위험은 더욱 심각해질 수 있다. 데이터의 수집, 전송, 활용 과정에서 사생활, 존엄성 및 대리인에 관한 위협, 대량 감시의 위험 등도 추가된다. 2021년 11월 UN을 중심으로 193개국은 AI 윤리에 관한 최초의 글로벌 협약을 채택하기도 했다. 목표는 인권을 증진하고 AI 기술의 윤리적이고 포괄적인 개발을 보장하기 위한 법적 기반과 프레임워크를 개발하는 것이다. AI와 같은 새로운 기술은 엄청난 성능을 제공할 수 있다. 그러나 이미 분열되고 불평등한 세상을 악화시키는 부정적인 영향은 통제되어야 한다.

메타 트랜스포메이션의 과정에서 데이터와 AI의 활용은 현재 수준보다 몇 배 더 늘어날 가능성이 크다. 수백 년, 수천 년간 다져 오고 합의해 온 인간 세계의 질서를 메타버스 가상 세계에도 적절히 적용하고 균형을 맞춰 갈 수 있도록 함께 고민해 보아야 한다. 인간 세계의 법, 질서, 윤리 의식 보완도 메타 트랜스포메이션의 중요한 과정이다.

ripple coin XRP
DASH
MONERO · SECURE · PRIVATE · UNTRACEABLE · XMR
BITCOIN
DIGITAL · DECENTRALIZED · PEER TO PEER
BTC
DIGITAL · DECENTRALIZED · PEER TO PEER

VIRTUAL

03

암호화폐 : 메타버스 세상의 화폐가 될 것인가?

암호화폐가 뭘까?

가장 잘 알려진 암호화폐는
비트코인BITCOIN이다.

BITCOIN DIGITAL DECENTRALIZED PEER TO PEER

암호화폐는 누가 만드는 걸까?

새로운 통화를 생성하려면

암호화폐 단위를 생성하는 복잡한 수학 방정식을

풀기 위해 엄청난 컴퓨팅 능력이 필요하다.

자, 여기까지 오느라 수고했다. '그럼 이 수많은 암호화폐는 다 누가 만들고 어디서 유통하나요?'라고 물어볼 수 있다. 놀랍겠지만 암호화폐는 발행 주체가 없다! 비트코인을 얻는 방법에는 거래소에서 구입하는 방법과 새로운 비트코인을 채굴하는 방법이 있다. 채굴Mining은 블록체인이라고 불리는 비트코인의 공공 원장에 거래 기록을 추가하는 과정으로, 모든 거래의 정확성을 확인하고 네트워크상에 있는 모든 참여자들이 해당 원장을 열람할 수 있도록 하려는 목적으로 이뤄진다. 채굴을 위해서는 채굴기를 둘 수 있는 물리적 공간, 안정적으로 공급되는 전력, 채굴기라는 세 가지 조건을 갖춰야 한다.

비트코인 창시자인 나카모토 사토시가 만들어 놓은 어려운 수학 연산을 푸는 방식으로 블록이 생성되는데, 이때 채굴업자는 그 대가로 일정 수준의 비트코인을 얻게 된다. 그 방식을 광산에서 광부가 금을 캐는 과정에 빗대 '채굴'이라 부르는데, 채굴에 참여한다고 누구나 비트코인을 받을 수 있는 것은 아니며, 블록을 생성한 한 채굴자만이 보상을 받는다. 채굴을 위해서는 전력소모가 높은 고성능 컴퓨터가 사용되는데, 비트코인 초기에는 채굴 난도가 비교적 쉬워 일반 PC로도 채굴이 가능했다. 그러나 점차 투자자가 늘고 이에 따라 비트코인 숫자가 줄어들면서 문제난도는 급격히 어려워졌고, 이에 따라 해당 연산을 수행할 수 있는 고성능 컴퓨터와 전용 채굴기가 등장하였다.

사람들이 말하는 암호화폐를 채굴한다는 얘기는 위와 같은 과정을 통해 데이터 저장을 위한 블록을 생성하고, 대가로 암호화폐를 받는다는 뜻이다. 암호화폐를 구매한다는 것은 누군가가 채굴을 통해 얻은 암호화폐를 구매한다는 의미다. 암호화폐의 가격은 종류별, 시기별로 다르며 암호화폐의 종류는 수천 종이다. 그 중 가장 많이 쓰이는 것은 비트코인, 이더리움 등이고 업비트, 빗썸과 같은 암호화폐 거래소에서 거래할 수 있다.

암호화폐 채굴기.
©토큰포스트

최근 미국의 한 설문조사에 따르면 현재 미국인의 5%가 암호화폐를 보유하고 있다고 한다. 그중 비트코인을 가장 많이 보유하고 있으며, 비트코인의 가격은 2009년 1월에 비해 2022년 2월 기준으로 약 1,000% 성장했다. 암호화폐의 역사는 2008년 10월 비트코인 개발자 사토시 나카모토Satoshi Nakamoto가 〈비트코인: P2P 전자화폐 시스템Bitcoin: A Peer-to-Peer Electronic Cash System〉이라는 논문을 발표하면서 시작되었다. 그는 기존의 금융시스템이 불만스러웠고, 정부나 국영 은행과 같은 중앙의 통제를 벗어난 자유로운 디지털화폐를 만들고 싶었다. 그리하여 만들어 낸 것이 비트코인, 암호화폐 기술이다. 그가 누구인지는 아직 밝혀지지 않았지만 그가 메타 리치 1세대임은 분명하다. 기존의 제도와 시스템, 부를 창출하는 메커니즘에 관한 한계를 디지털 기술로 해결하고자 했으며, 결과적으로 상상할 수 없을 만큼의 큰 부를 창출했을 것으로 추측한다. 하지만 사토시 나카모토가 누구인지는 아무도 모른다. 2014년 뉴스위크에서는 미국 엔지니어인 도리안 프렌티스 사토시 나카모토Dorian Prentice Satoshi Nakamoto가 그 주인공이라고 지목하기도 했고, 2016년 호주의 컴퓨터 과학자인 크레이그 라이트Craig Wright는 자신이 사토시라고 주장하기도 했다. 그의 정체는 밝혀지지 않았지만 그가 남긴 논문 한 편은 지금도 세상을 바꾸는 중이다.

Bitcoin: A Peer-to-Peer Electronic Cash System

Satoshi Nakamoto
satoshin@gmx.com
www.bitcoin.org

Abstract. A purely peer-to-peer version of electronic cash would allow online payments to be sent directly from one party to another without going through a financial institution. Digital signatures provide part of the solution, but the main benefits are lost if a trusted third party is still required to prevent double-spending. We propose a solution to the double-spending problem using a peer-to-peer network. The network timestamps transactions by hashing them into an ongoing chain of hash-based proof-of-work, forming a record that cannot be changed without redoing the proof-of-work. The longest chain not only serves as proof of the sequence of events witnessed, but proof that it came from the largest pool of CPU power. As long as a majority of CPU power is controlled by nodes that are not cooperating to attack the network, they'll generate the longest chain and outpace attackers. The network itself requires minimal structure. Messages are broadcast on a best effort basis, and nodes can leave and rejoin the network at will, accepting the longest proof-of-work chain as proof of what happened while they were gone.

사토시 나카모토가 2008년
공개한 비트코인 논문.

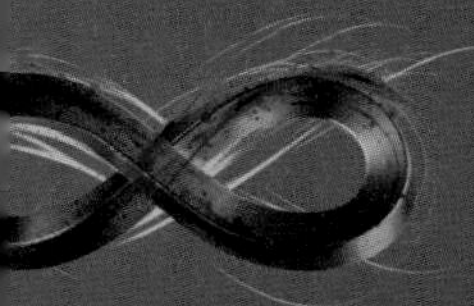

암호화폐의 수혜자는?

암호화폐에 관한 관심이
증가하고 있는 상태이지만 투자는
신중하게 접근할 필요가 있다.

다음은 2021년 동아일보의 언론 인터뷰 기사에 나온 창업자 세 명에 관한 이야기이다.

대형 금융사에 다니던 동갑내기 친구 세 명은 2018년인 입사 초만 해도 학자금 대출을 갚거나 주식투자 등으로 5,000만 원 정도를 굴리던 평범한 사회 초년생이었다. 하지만 1억 원을 대출받아 투자한 가상화폐가 대박을 터뜨렸고 순식간에 30~40억 원대 자산을 보유하게 되었다. 그들의 부모와 회사 선배들은 "서울 강남에 집부터 사라.", "회사는 계속 다니는 게 어떠냐."는 기성세대가 부자가 되는 방식을 권유했지만, 그들은 보수적으로 부를 지키는 방식이 아닌 부를 굴리는 방식을 과감하게 선택했다. 시대 변화의 흐름에 맞게 투자하고, 새로운 일에 과감히 도전하여 세상을 주도하기로 한 것이다. 몸 담았던 회사에서 퇴사하고 스타트업을 선별해 투자, 컨설팅을 해 주는 '알파큐브파트너스'와 대학생, 취업 준비생 등을 지원하는 '청년컨설팅협회YCA'를 설립했다. 그리고 창업 자금을 제외한 나머지 자산의 대부분을 암호화폐에 투자하고 있으며, 최근에는 NFT와 해외 주식투자도 시작했다고 한다.

2018년쯤 암호화폐의 가격이 급등하고, 위와 같이 대박을 맞는 사람이 많았다. 너도나도 비트코인에 투자했고, 심지어는 큰 돈을 대출받아 투자하는 사람도 많았다. 하지만 최근 2021년에는 갑자기 암호화폐의 가격이 하락하여 큰 손해를 본 사람도 많아졌다.

앞으로 암호화폐의 활용도가 얼마나 커질지, 수요가 어떻게 될지 불투명하기에 가격 또한 예측하기 어렵다. 암호화폐가 과연 기존 화폐를 대체할 수 있을 정도로 활용도가 커질까? 다른 나라는 암호화폐를 어떻게 받아들이고 있을까?

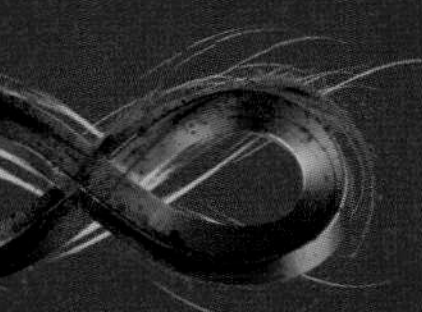

암호화폐가 개발도상국에서 인기 있는 이유

암호화폐 거래의 절반이 아시아 국가의 거래소에서 이뤄지고 있다. 값싼 전력과 낮은 토지비 등을 이점으로 채굴자들이 몰렸고, 앞선 IT 기술을 토대로 새로운 기술을 적극적으로 받아들이는 문화 현상 때문이다.

비트코인이 개발된 지 14년이 지난 지금, 세계적으로 암호화폐의 사용은 급격히 증가했다. 특히, 개발도상국에서 사용빈도가 높다. 일부 개발도상국에서는 국가 차원에서 암호화폐를 공식적으로 허용하고 있기도 한데, 이는 급격한 환율 변동으로부터 국가의 부를 보호하기 위해서다. 2016년부터 약 5년 동안 나이지리아 화폐인 나이라의 가치는 미국 1달러당 약 200나이라에서 약 400나이라까지 하락했고, 2016년 이후 나이지리아의 순자산이 거의 50% 감소했다. 하지만 이 자산이 테더USDT와 같은 암호화폐로 보관되어 있었다면 급격한 평가절하로부터 보호받았을 것이다. 테더USDT는 기존 금융, 화폐 시스템과 암호화폐의 접점으로 활용되고 있는 코인으로 가격 변동성을 최소화하기 위해 미국 달러나 원화와 같은 법정화폐와 1:1로 가치가 고정되어 있다.

현재 나이지리아에서는 인구의 약 3분의 1이 암호화폐를 소유하고 있고, 상품과 서비스를 구매, 판매할 때나 국제송금을 할 때 등 암호화폐를 적극적으로 사용한다. 베트남, 터키, 남아프리카 국가들과 같은 개발도상국에서도 높은 빈도로 암호화폐가 사용되고 있다.

물론, 비트코인의 급격한 변동성으로 큰 손해를 입는 국가들도 생겨나고 있다. 비트코인을 국가 화폐로 선언하고 세금으로 비트코인을 매입하기도 한 엘살바도르는 최근 1월과 2월 비트코인이 급락하는 과정에서 약 20%의 국가 부의 손실을 입기도 했다. 엘살바도르가 비트코인을 법정통화로 채택한 주된 이유 중 하나는 해외 노동자들의 송금 수수료 때문이다. 송금액이 국내총생산의 20% 수준으로 큰 비중을 차지하는데 수수료가 10%에 달한다. 비트코인을 활용하면 이 비용을 대폭 절감할 수 있다는 게 정부의 설명이다. 하지만 변동성이 심한 암호화폐에 국가적으로 투자했다는 사실만으로 국제기구 또는 해외 투자자들로부터 신뢰를 잃게 됐다.

암호화폐를 받아들이는 주요국의 입장

암호화폐에 관한 각 나라의 입장은
화폐로서의 인정 및 거래 허용, 과세 여부에 따라 허용,
신중, 불가, 무반응으로 크게 나뉜다.

암호화폐를 받아들이는 우리나라의 입장

암호화폐는 흔히 알려진 비트코인 외에도 이더리움, 모네로, 대시, 브릴라이트코인 및 기타 수천 가지의 암호화폐가 있다. 또한, 매년 수백, 수천 개의 암호화폐가 추가로 생겨난다. 세계경제포럼이 발간한 보고서 〈2030년 글로벌 금융 및 통화 시스템〉은 암호화폐가 전 세계 금융시스템 및 인프라를 하나로 만드는 데 이바지할 것이라 주장하기도 했다. 최근 주식시장의 애널리스트 보고서나 금융기관의 전망 보고서에는 암호화폐에 관한 낙관적 전망이 비관적 전망보다 우세하다. 물론 현재 암호화폐를 비롯한 가상 자산 투자를 전 세계 규제기관과 금융 당국이 전면적으로 허용한 상황은 아니다. 이 새로운 자산을 어떻게 받아들여야 할지 여전히 논쟁 중이다.

우리나라도 최근 몇 년간 암호화폐로 인해 큰 진통을 겪었다. 2017년 이후 주로 암호화폐를 통제하기 위한 수단이 강화되었는데, 최근 들어 시장을 인정하는 쪽으로 분위기가 많이 바뀌고 있다. 국내 법체계상 암호화폐의 실체는 딱 두 군데에서만 인정된다. 거래소에 자금세탁 방지 의무를 부가한 '특정금융정보법'과 암호화폐 수익에 22%를 과세하는 '소득세법'이다. 특정금융정보법의 경우 2021년 9월 개정안이 발표되면서 암호화폐가 제도권 안으로 들어왔다는 해석이 나오고 있다. 법적으로 '가상 자산업'을 정의함으로써 법적 명칭이 생겼다는 점과 소규모의 부실한 코인 거래소의 경우 시장에 발을 들여놓을 수 없게 되었다는 점이 긍정적이다.

물론 시작 단계일 뿐이다. 특정금융정보법만 보더라도 암호화폐 거래소의 사업자 신고 요건에만 초점이 맞춰져 있고 다양한 종류의 가상 자산을 아우르지 못하는 측면이 있다. 이제 막 초기 시장인 암호화폐의 부정적인 측면을 해소하고, 어떻게 긍정적인 시장 형성을 만들어 내느냐는 앞으로의 몇 년에 달려 있다.

암호화폐를 받아들이는 미국과 영국의 입장

미국과 영국의 경우 대체로 암호화폐 시장을 받아들이는 움직임이 보인다. 미국은 2021년 5월 재무부, 연방준비제도, 증권거래위원회SEC 등이 암호화폐 규제를 위한 협의체를 구성했다. 다만, 시장을 마구잡이로 통제하려 들진 않는다. 미국의 속내는 자신들이 가지고 있는 규제의 틀 안으로 민간 암호화폐를 끌어들임으로써 기존 금융시스템의 헤게모니도 유지하고 돈이 되는 신사업

도 놓치고 싶지 않다는 것이다. 중국과 비슷한 의도이지만, 정치 체제상 절차와 체계를 가지고 접근하고 있다.

미국 금융의 수장이라 할 수 있는 제롬 파월Jerome Powell 연방 준비제도이사회 의장은 2021년 10월 의회 청문회에서 "암호화폐를 금지할 생각이 없으며, (가격 변동성을 최소화하도록 설계된 암호화폐인) 스테이블 코인은 일부 적절한 규제를 통해 확대될 수 있다."라는 정도로 언급했다. 시장의 성장을 방해하지는 않겠다는 심산이다.

'코인 부자'로 불리며, 세계적인 암호화폐 거래소 중 하나인

FTX의 공동 설립자인 샘 뱅크먼 프라이드.

FTX의 공동 설립자인 미국인 샘 뱅크먼 프라이드Sam Bankman-Fried는 2021년 한 암호화폐 포럼에서 "현재 암호화폐 시장의 가장 큰 잠재적 위협은 미국 정부의 규제 환경과 입법자들"이라고 말하기도 했다.

FTX는 현재 전 세계 암호화폐 거래소 중 여섯 번째로 규모가 크며, 그는 약 30조 원의 순자산을 벌어들인 것으로 알려져 있다.

영국의 경우에는 2021년 6월 세계 최대 암호화폐 거래소를 운영하는 바이낸스에 허가를 받지 않은 업무를 한다는 이유로 거래소 운영 중단을 명령하기도 했다. 그와 비슷한 시기에 영국 중앙은행인 영란은행Bank of England이 암호화폐의 대항마로 디지털화폐인 CBDCCentral Bank Digital Currency를 검토하고 있다는 얘기도 흘러나왔다. 즉, 전통적 금융 강국인 영국이 민간을 중심으로 현 금융 구조를 무너뜨릴 수 있는 암호화폐 시장을 쉽게 허용할 리 없으며, 국가중심 디지털화폐라고 할 수 있는 CBDC의 개발과 활용이 확대될 시간을 버는 것이라 해석할 수 있다.

암호화폐를 받아들이는 중국과 인도의 입장

암호화폐 관련으로 중국은 2021년 9월에 모든 거래와 사업을 전면 금지했다. 암호화폐와 법정화폐 간 거래는 물론 암호화폐끼리의 교환 행위도 형사처벌 대상이다. 또한, 암호화폐 거래 및 이와 관련한 정보를 중개하는 사업과 암호화폐 파생상품 거래 등도 불법으로 간주한다. 뒤이어 2021년 11월 인도도 암호화폐 거래를 전면 금지했다. 주요국의 관련 정책이 발표될 때마다, 그 입장에 따라 암호화폐 시장은 출렁이고 있다. 중국에서 2017년 비트코인 발행을 통한 자금 모집의 일환인 ICOInitial Coin Offering를 금지하는 법안이 통과되자 비트코인의 첫 번째 웨이브가 꺾였다. 2019년과 2021년에도 비슷한 상황이 반복됐다.

중국이 장기적으로 암호화폐 시장을 완전히 파괴할 것이라는 주장에는 동의하지 않는다. 실제 시장의 움직임도 그렇게 반응했다. 2021년 10월 중국의 규제 발표 이후에 불과 몇 시간 만에 비트코인은 약 10% 가까이 폭락했지만, 며칠 사이 가격을 다시 회복했다.

중국의 현 암호화폐 규제 강화는 중국 금융산업 전반에 관한 통제 강화 차원으로 해석할 수 있다. 현재 중국은 암호화폐뿐만 아니라 핀테크, 기존 금융권, 최근 급증한 투자회사들에 대한 규제 강화와 함께 단행되었다. 즉, 중국 정부의 강력한 규제 움직임은 금융시스템 전반의 레버리지 리스크를 축소하고, 중앙통제의 영향력을 다시 한 번 점검하려는 시도이며 암호화폐는 그중 일부분에 불과하다. 또한, 비공식 집계지만 지금껏 전 세계 비트코인 채굴의 60% 이상이 중국에서 이뤄졌다는 사실만 보더라도, 중국이 암호화폐 시장을 파괴하는 것은 자국민들의 자산을 파괴하는 일이기도 할 것이다. 현재 중국의 암호화폐 규제는 암호화폐를 금지하기보다 변화의 속도를 조절하고자 하는 것이라는 해석이 타당하다. '웹 3.0', '탈중앙화', '분권형', '금융시스템 패러다임 전환', '부 창출 메커니즘 변화' 등 기존 질서를 깨며 자유를 추구하려는 시대 변화, 바로 '메타 트랜스포메이션'의 속도를 조절

인도의 재무부장관
니르말라 시타라만.
ⓒ연합뉴스

하려는 것이다.

대신 국가중심의 디지털화폐인 CBDC 도입에 가장 앞서 있는 국가는 중국이다. 현재 중국은 디지털 위안화 도입을 앞두고 베이징, 상하이 등 주요 도시를 중심으로 시범 운영에 들어갔다.

인도 또한 CBDC의 발행을 앞두고 있다. 인도 재무부 장관 니르말라 시타라만Nirmala Sitharaman은 2022년 3월 인도 글로벌 포럼 현장을 통해 인도 중앙은행인 RBI가 CBDC를 기획하고 있으며, 올해 안으로 출시될 것으로 기대하고 있다는 의견을 전했다.

암호화폐의 가치는 상승할까?

경기 침체와 물가 상승,
금융 당국의 규제 등이 암호화폐의
가치를 좌우한다.

근본적인 질문으로 돌아와서, 과연 암호화폐의 가치는 계속 상승할까? 기존 화폐를 대체할 정도로 활용도가 커질까? 결론부터 얘기하자면, 앞서 설명했던 웹 3.0, 메타 트랜스포메이션이라는 디지털 기반의 패러다임 변화는 대세를 거스를 수 없는 흐름에 와 있다. 그리고 이 과정에서 가상 자산의 사용 확대는 필수 불가결한 요소이다. 즉, 메타 트랜스포메이션이라는 패러다임 변화를 공감한다면, 가상 자산시장의 성장을 충분히 긍정적으로 바라봐도 좋다. 특히, 암호화폐는 가상 자산의 영역 중에 가장 빠르게 활성화되고 있는 영역이며, 주요 국가들도 그 존재 가치를 인정하거나, 공존을 모색하고 있기 때문이다.

현재 시점에서는 암호화폐가 기존 화폐를 대체하는 주류 화폐로 위상이 올라갈 것이라 장담하기 어렵다. 기존의 금융 및 화폐 시스템과의 충돌 외에도 암호화폐가 주류 화폐로 나아가는 데 가장 크게 지적받는 부분은 비탄력적 공급이다. 예를 들어, 2009년 만들어진 비트코인의 총 발행량은 2,100만 코인이 한계다. 그 이상은 발행될 수 없다. 2022년 1월 기준 약 1,900만 코인이 이미 발행되어, 앞으로 200만 코인만 더 발행되면 더 이상의 신규 발행은 없다. 즉, 큰손들의 움직임에 따라 시장에 유통되는 코인의 규모가 제한적일 수 있다. 암호화폐 지지자들이 가장 큰 장점으로 생각하는 '제한된 공급'이라는 특징이 전체 시장 측면에서는 사실 가장 치명적인 단점이다. 비탄력적 공급으로 인한 급격한 수급 변동은 항상 급격한 가치 변동을 초래한다. 암호화폐가 화폐 역할을 하기에 부적합하다는 주장이 전문가들 사이에서 지속적으로 나오고 있는 이유다.

암호화폐 활용이 확대되면 함께 급증할 수밖에 없는 컴퓨팅 파워 문제, 채굴을 위한 막대한 에너지 소비 문제도 두드러질 수 있다. 블록체인 기반의 암호화폐는 채굴 과정에서 복잡한 수학적 검증 과정이 필요하다. 강력한 컴퓨팅 능력을 사용해야 하기 때문에 자원 낭비가 크다.

그러나 암호화폐의 비탄력성과 기술적 한계는 오랜 시간에 걸쳐 극복 가능한 이슈라고 생각한다. 최근 블록체인, 이더리움의 약점과 한계를 극복한 2세대, 3세대 암호화폐가 등장하고 있다. 신규 암호화폐들은 암호화폐 수량에 따라 이익을 제공하는 지분증명PoS 방식을 채택해 일부에 힘이 집중되지 않고, 에너지 소모도 덜한 장점이 있다. 물론, 기술적 완성도와 더불어 시장 수용을 위한 시간이 필요할 것으로 보인다.

암호화폐는 개인의 투자 기회를 확대하고, 투자의 문턱을 낮추는 효과도 있다. 지금껏 부를 축적하기 위한 대부분의 투자 상품과 서비스는 투자 가능 자산이 많은 고액 자산가들을 대상으로 설계되고 제공되었다. 그러나 주식의 일부 지분을 디지털 토큰 형식으로 전환한다면, 소액투자자는 1달러만으로도 투자할 수 있다. 자산이 많든 적든 전 세계 모든 사람들이 애플이나 아마존, 테슬라와 같은 주식을 쉽게 거래할 수 있을 것이다. 그래서 소액자산가, 혹은 금융투자에 관심이 없던 서민 계층과 금융 소외 계

층에게도 문호를 열어 줄 수 있고, 문턱을 낮추는 효과가 있을 것으로 기대된다. 이를 금융 민주화라고 표현하기도 한다.

이처럼 긍정적, 부정적 측면이 상존하는 상황에서 향후 암호화폐를 중심으로 한 가상 자산시장의 활성화와 더불어 여러 보호장치가 얼마나 빠르고 안전하게 잘 갖춰질 수 있을지 지켜봐야 할 것이다.

또한, 암호화폐의 근간에 있는 블록체인 기술은 전 세계 금융의 역사에서 반복적으로 발생한 부정과 허위를 해결해 줄 것으로 기대된다. 대표적인 예로 자금세탁을 방지할 수 있으며, 기축통화 중심의 권력 남용과 환율 조작 역시 막을 수 있다. 기존 금융시스템과 경제 환경에서 반복적으로 발생하는 사건들을 사전에 방지하는 것이다. 지난 백여 년간 기축통화 지위를 누려왔던 미국 달러화나, 여기에 편승한 소수 금융 주도 세력들의 권한남용으로 우리는 몇 차례 금융위기를 맞았고, 그 과정에서 개인과 소액 자산가들의 피해가 오히려 클 수 있음을 경험했다. 암호화폐가 일부 기술적 보완과 제도적 뒷받침을 통해 중장기적으로 다

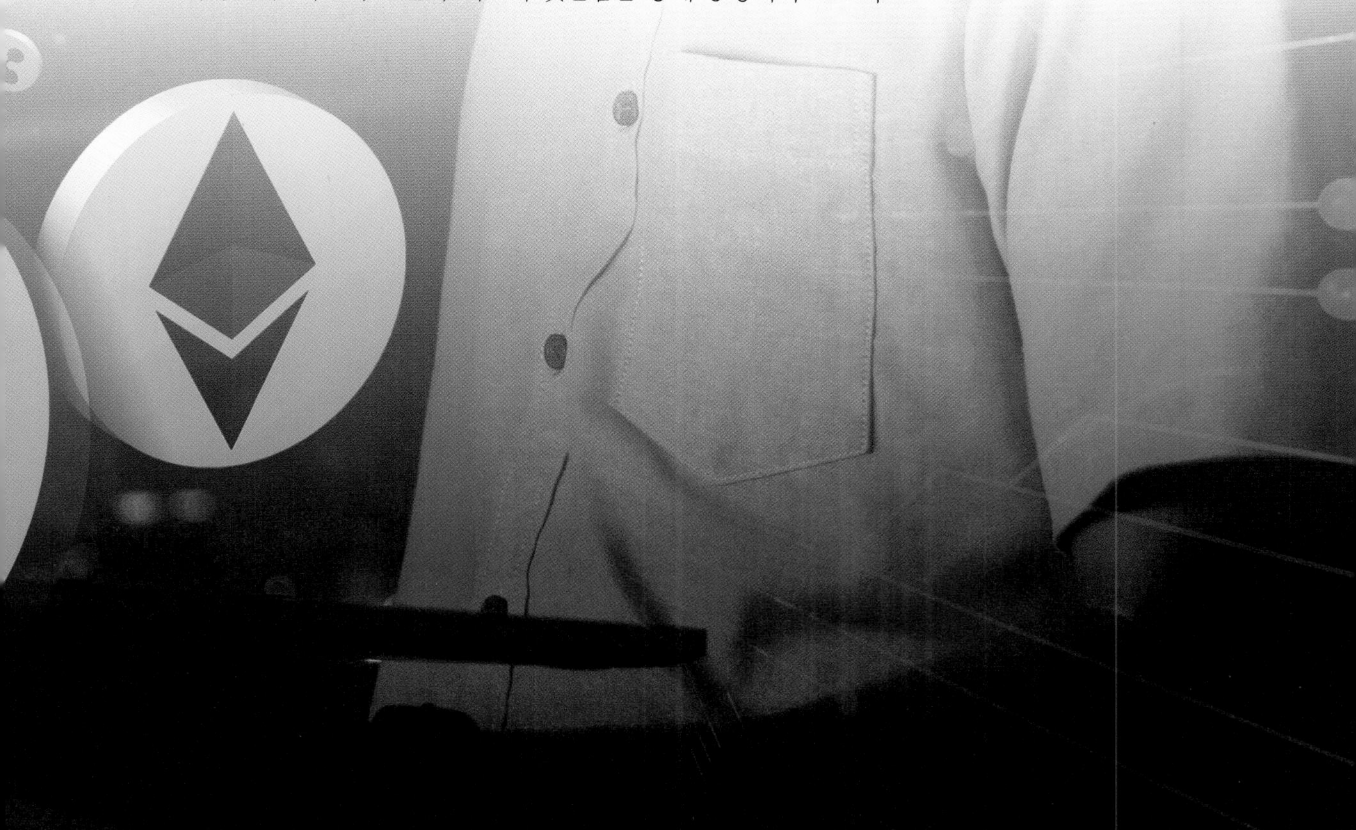

양한 부정과 권력남용을 막을 수 있다면, 전 인류가 기대하는 탈중앙화된 공정 금융시스템을 기대해 볼 수 있을 것이다.

다만, 주의해야 할 부분은 또 있다. 메타 트랜스포메이션이라고 하는 변화는 중장기적으로 10년, 20년을 두고 진행될 것이다. 그러나 현재 암호화폐, NFT 등 가상 자산시장은 단기적으로 승부를 보려는 사람들과 투기를 하는 일부 세력으로 인해 왜곡되거나, 거품이 끼고 있는 것은 부인할 수 없다. 앞서 인류의 역사적인 투자 탐욕 사건으로 언급했던 '튤립 파동', '대공황', '인터넷 버블'에서처럼, 인간의 광기는 예상치 못한 흐름을 만들 수 있다.

최근 IMF와 세계은행은 금융 기술의 급속한 발전으로 혜택과 기회를 활용하는 동시에 고유한 위험을 관리하는 12가지 의제를 '발리 핀테크 의제Bali Fintech Agenda'에서 발표했다. 가장 먼저 암호

화폐의 확산이 금융의 국경을 허물고 복잡성을 증가시킬 수 있다고 경고했다. 현재 암호화폐의 확산 속도에 비해서 대비가 부족하다는 주장이다. 실제로 기존의 금융, 화폐 시스템인 중앙집권적 관점과 조직, 구성 체계로 봤을 때는 변화에 관한 준비가 미흡한 것으로 보인다.

그러나 암호화폐 시장은 중장기적으로 계속 성장할 것이라고 본다. 미국 금융안정위원회FSB는 최근 보고서에서 가상 자산의 급부상이 현재의 금융시스템과 그 안정성에 중장기적으로 영향을 끼칠 수 있으므로 주시해야 하지만, 향후 활용도가 증대될 것이라는 점은 분명한 사실이라고 언급했다.

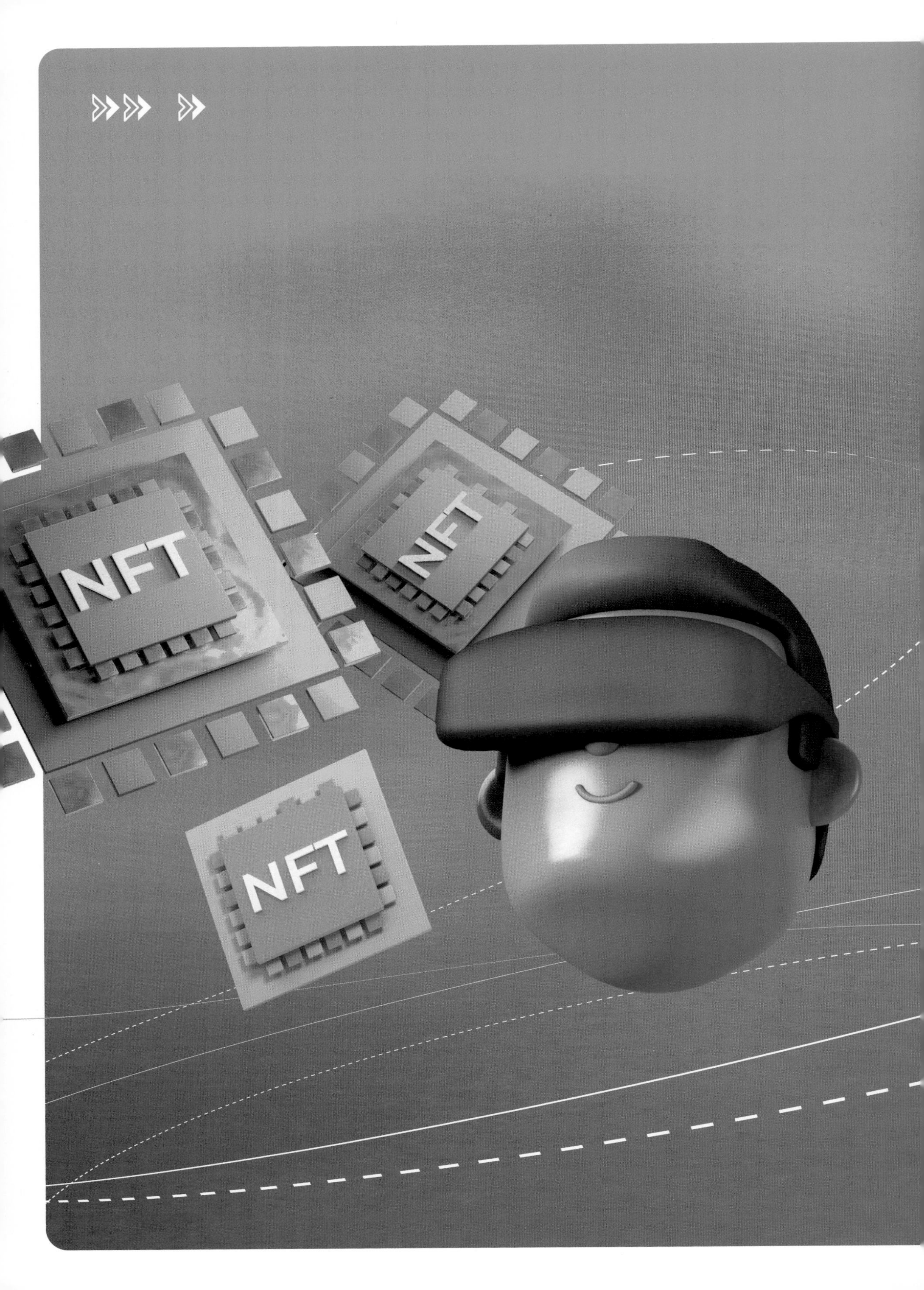
NFT
NFT
NFT

VIRTUAL

04

NFT : 메타버스 세계에서 소유를 증명하는 법

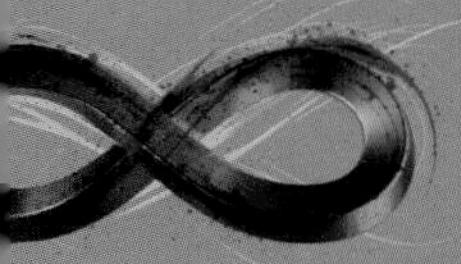

NFT가 뭘까?

NFT는 '대체 불가능한 토큰Non-Fungible Token'이라는 뜻으로,

블록체인 기술을 활용하여 디지털 재화에 고유한 인식 값을 부여하는 기술이자, 자산의 형태로 여겨지고 있다.

NFT

NON-FUNGIBLE TOKEN

NFT, 메타버스, 가상 세계

요즘 아이돌 팬이라면 위 세 단어의 뜻을 정확히 알진 못하더라도 어렴풋이 짐작은 할 수 있을 것이다. 최근 K-POP 시장은 NFT로 음원을 발매하고, 굿즈도 출시하는 등 관련 움직임이 활발하다. 과거 엔터테인먼트사들은 아이돌을 육성하는 것 위주로 집중했었는데, 이제 그들의 지식재산권IP을 디지털 자산화하기 위해 적극적인 투자를 하고 있다. 하이브, SM엔터테인먼트, JYP 등 국내 유수의 엔터테인먼트사들은 NFT, 블록체인 관련 기업과 협업하거나 투자하고 있다.

NFT가 뭘까? 쉽게 말해 콘텐츠의 진품 여부 혹은 소유권을 판별해 주는 '디지털 인증서'이자 '디지털 콘텐츠의 고유 정보를

NFT와 FT, 물질 자산과 화폐 자산 비교

©《메타 리치의 시대》, 김상윤, 2022년

	디지털 자산	물질 자산
대체 가능 Fungible		
대체 불가능 Non Fungible		TICKET

담은 기록장'이라고 하면 이해하기 편할 것이다.

좀더 상세히 살펴보면, NFT는 'Non Fungible Token'의 약자로 우리말로 하면 '대체 불가능한 토큰'이다. '대체 불가능하다Non Fungible'라는 말은 서로 맞교환할 수 없다는 뜻이다. 예를 들어, 내가 가진 1달러 지폐는 다른 사람이 가진 1달러 지폐와 교환할 수 있어 '대체 가능한Fungible' 화폐이다. 비트코인과 같은 암호화폐의 경우도 같은 수량만큼 맞교환할 수 있어 역시나 대체 가능하다. 그러나 디지털 콘텐츠의 경우는 어떨까? 내가 좋아하는 에스파의 영상 콘텐츠와 한라산 등반 때 찍은 사진을 서로 맞교환할 수 있는가? 각자의 상황이나 판단에 따라 가치를 다르게 인식할 수 있기 때문에 그 가치를 맞교환할 수 없다. 이처럼 대체할 수 없는 고유한 가치를 가지고 있을 때, 이를 대체 불가능하다고 한다.

그래서 NFT로 굿즈를 출시하면, 구매하는 팬들은 모두가 이 세상에 하나밖에 없는 한정판 굿즈를 가지게 되는 셈이다. NFT가 토큰마다 고유 가치를 지니는 만큼, NFT로 판매되는 굿즈는 모두 가치가 다르고 복제가 불가능한 한정판이다. 실물 굿즈와 달리 국경이나 거리의 제약없이 유일무이한 NFT 굿즈를 소유할 수 있다.

토큰Token이란 무엇일까? 토큰은 디지털 정보가 담겨 있는 공간으로 쉽게 말하면, 디지털 텍스트 파일 정도로 생각하면 된다. NFT는 블록체인을 기반으로 한다. NFT에서의 토큰은 블록 단위의 데이터로 볼 수 있고, 토큰에는 해당 콘텐츠의 원천 주소(인터넷 상의 위치), 형태, 크기 정보를 비롯하여 소유자의 정보가

들어간다. 만약에 NFT가 몇 번의 거래를 거치면서 소유자가 바뀌었다면, 최초 소유자부터 현재의 소유자까지 모든 정보가 토큰에 남겨져 있다. 예를 들어 팬이 구매한 굿즈는 NFT 거래 플랫폼에서 다른 팬에게 판매할 수도 있으며, 이 때 판매 기록은 모두 블록체인에 기록된다.

그렇다면 엔터테인먼트사가 콘텐츠를 NFT화 했을 때 저작권을 보장받을 수 있을까? 여기에는 우선 지식재산권Intellectual property right의 개념부터 이해할 필요가 있다. 지식재산권이란 창의성에서 비롯된 개념으로 물리적인 형태가 없는 재산에 관한 권리이다. 지식재산권은 저작권, 상표, 특허, 영업 비밀 등으로 구성되며 지적소유권이라고도 한다.

NFT의 경우 해당 콘텐츠의 소유권을 사는 것이기 때문에, 저작권이 넘어가지 않는다. 저작권은 창작자나 예술가에게 있으며, NFT 구매자는 구매자가 보유한 예술작품의 NFT를 상업적 용도가 아닌 개인적인 용도로만 사용할 수 있다. 즉, 저작권과 소유권을 구분할 필요가 있다. NFT 구매자는 저작권이 없으므로 콘텐츠의 복사본을 다른 사람에게 공유하거나 판매할 수 없다. 정확히 말하면 복사본을 통해 부가적인 이득을 취해서는 안 된다. 2차 저작물을 만들 권리 또한 없다. 물론 NFT 구매 시에 원저작자에게 저작권을 양도받는다거나, 2차 저작물 활용 시 수익을 어떻게 배분할지 구체적인 계약을 맺었을 경우는 예외에 해당한다.

NFT를 왜 구매하는 걸까?

예술 작품처럼 소유하는 개념이 있고,

향후 가격 상승에 대한 기대감, 혹은 특정 커뮤니티 가입을 위해서 NFT를 구매하는데 초기인 만큼 구매 이유는 점점 더 많아질 것이다.

도대체 사람들은 실제로 만지지도 못하는 NFT를 왜 사는 걸까? 인류 역사상 인간의 본능에는 '가치 있고 희소한 것을 가지고 싶은 욕구', '더 가치 있는 것으로 교환하고 싶은 욕구'가 늘 존재한다. 수집품 시장의 수집가들은 지금까지 실물 수집품에 관해서만 표출했던 욕구를 디지털 가상 세계의 NFT 시장에도 그대로 적용하기 시작했다. 2021년 상반기 가장 많이 거래된 NFT는 수집품 분야로 나타났으며 거래액 규모로는 전체 NFT 거래액 대비 약 60%를 웃돈다. 아직까지 전 세계 NFT 시장은 수집가들이 주도하는 시장이다.

그러나 최근 다른 변화가 감지되기 시작했다. 사람들의 메타버스 가상공간 속 활동이 늘어나면서 아바타가 사는 가상공간을 현실 세계처럼 꾸미고자 하는 욕구가 표출되기 시작했다. 이들은 가상공간에서 나만의 집, 사무실, 취미 생활공간을 꾸미면서 시간과 공간 그리고 금전적 제약으로 현실 세계에서는 미처 채우지 못한 욕구를 가상공간에서 충족하고 있다. 게다가 가상에서 손쉽게 원하는 아이템을 제작하고 판매하여 새로운 부를 창출하기까지 한다.

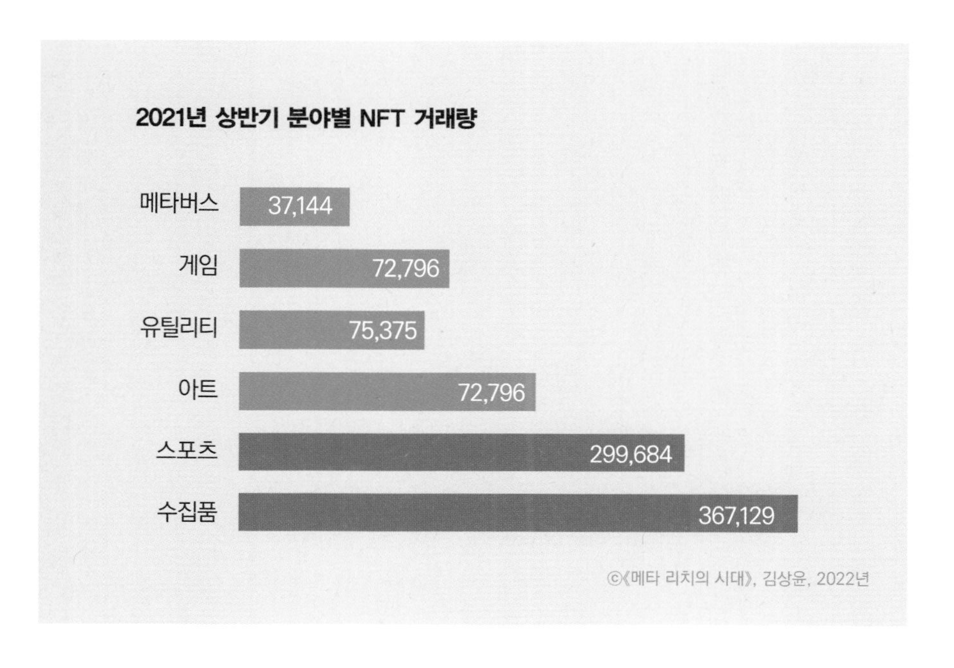

스페이셜 이미지.
ⓒ메타버스 갤러리

'스페이셜Spatial'이라는 메타버스 플랫폼이 있다. 스페이셜은 이용자가 웹, 모바일, VR 등 원하는 채널 또는 기기를 통해 메타버스 가상공간에 들어가, 현실 세계의 갤러리, 모델하우스 또는 개인 사무실과 같은 공간을 꾸밀 수 있다. 최근 유명 글로벌 아티스트 혹은 아마추어 예술가들은 자신만의 가상 갤러리를 스페이셜에 구축하거나, 가상공간에서 전시 행사를 열고 있다. 그들은 가상공간에서 작품 전시, 팬들과의 소통을 하는 것뿐 아니라 이

와 연계하여 NFT 작품을 판매한다. 미술 및 창작품 시장에 새로운 바람이 불고 있는 것이다. 나만의 가상공간을 갖게 되면 자연스럽게 그곳에 내가 좋아하는 예술 작품을 걸어 두고 싶은 욕구, 내 가상 서재에 내 우상의 조형물을 세워 두고 싶은 욕구, 내 지인 아바타들에게 내가 소장하고 있는 아티스트의 캐리커처를 자랑하고 싶은 욕구가 생기게 된다.

소유에 관한 욕구는 자연스레 가치 지불을 통한 '소유 인증' 목적인 NFT 구입으로 이어진다. 인터넷에서 쉽게 접하는 GIF, JPEG 형식의 사진은 무한 복제가 가능하며, 무엇이 원본인지 찾는 것도 무의미하지만 NFT로 기록하면 그 소유자가 누군지 알 수 있고, 아이템마다 가격을 다르게 매길 수도 있다. NFT 구매자들은 NFT를 마치 디지털 소유권처럼 여긴다.

디지털 그림 하나가 830억 원에 팔렸다고?

가상 세계에서 소유를 인증하는
유일한 방법인 NFT가 메타버스의 인기와 더불어
그 진가를 더욱 발휘하게 될 것이다.

2021년 3월, 1766년 창설된 영국의 예술 작품 경매 크리스티가 개최한 뉴욕의 한 경매에서 세계를 깜짝 놀라게 한 소식이 전해졌다. 디지털 아티스트로 알려진 비플Beeple의 작품 〈나날들: 첫 5,000일 Everydays: The first 5,000 days〉이 6,930만 달러, 한화로 약 830억 원에 낙찰됐다. 실제로 만질 수도 없는 디지털 그림 파일 하나가 말이다. 정확히 말하면 이 작품의 'NFTNon Fungible Token'가 830억 원에 팔린 것이다.

비플의 NFT 작품
〈나날들: 첫 5,000일
Everydays: The first 5,000 days〉
ⓒ크리스티 경매

사상 최고가 디지털 예술 작품을 만든 비플. 본명은 마이크 윈켈만(Mike Winkelmann)
ⓒAFP 연합뉴스

비플의 작품을 830억 원이라는 거액에 낙찰받은 사람은 누구일까? 싱가포르에 기반을 둔 블록체인 기업가 선다르산Sundaresan이다. 그는 블록체인 스타트업 렌드로이드Lendroid의 현 CEO이자, 전 세계에 비트코인 ATM을 설치하고 있는 비트엑세스Bitaccess의 과거 설립자이다. 또한, 기술력은 있으나 자금이 부족한 창업 초기 벤처기업에 자금 지원과 경영 지도를 해 주는 개인투자자이기도 하다. 그는 가상 자산에 적극 투자하고, 이미 큰 부를 창출했다. 메타퍼스Metapurse라는 프로젝트를 통해 비플의 작품 외에도 20여 개의 디지털 예술 작품을 공개적으로 구입해 NFT화한 다음 이들을 묶어 갤러리를 만들기도 했다. 그는 '앞으로 NFT 르네상스가 펼쳐질 것이다. 사람들은 소장하고 싶은 콘텐츠의 가치를 매기고, 정당한 대가를 지불하게 될 것이다.'라고 말했다.

블록체인 기반 고양이 육성 게임 크립토키티.
ⓒ크립토키티

그의 투자 대상은 디지털 예술 작품뿐만 아니라 대퍼랩스Dapperlabs가 개발한 NFT 플랫폼 '플로우Flow'도 포함되어 있다. 대퍼랩스는 NFT의 시초라 할 수 있는 블록체인 기반 고양이 육성 게임 크립토키티CryptoKitties를 개발한 회사다.

크립토키티가 엄청난 인기를 끌자 대퍼랩스는 2020년 NBA와 파트너십을 체결해 NBA의 짧은 하이라이트 영상을 NFT로 판매하는 'NBA 탑샷Top Shot'을 비롯한 다양한 NFT 거래 플랫폼을 만들었다. 플로우는 대퍼랩스의 수많은 수집형 NFT 게임과 앱에서 발생하는 디지털 수집품을 거래할 수 있는 플랫폼이다.

선다르산은 NFT 플랫폼이 NFT 민주화를 뒷받침한다고 생각한다. NFT플랫폼을 통해 디지털 예술 작품이나 유명인의 영상, 사진, 캐릭터 등 희귀한 콘텐츠를 소장하고 싶은 개인에게 쉽게 접근할 수 있는 플랫폼을 제공하고, 원작자 혹은 콘텐츠의 스토리를 만든 작가에게는 저작료를 지급하는 구조를 만들겠다는 포부를 갖고 있다. 그는 이것을 'NFT 민주화'라고 정의한다. 실제로 그는 그가 진행한 프로젝트에서 콘텐츠 제작자, 프로듀서, 콘텐츠 스토리텔러 등에게 12개월 동안 10만 달러를 제공하여 이익을 나누기도 했다.

세계적인 미술품 경매업체 크리스티가 NFT 작품 경매를 시작한 것도 이와 맥락을 같이 한다. 디지털 시대가 도래하고 디스플레이 기술이 진화하면서 실물 예술 작품만큼이나 디지털 예술 작품을 즐기는 사람들이 늘어났다. 최근 엘팩토리가 개발한 스마트 액자 '블루캔버스'는 디지털 콘텐츠 형태의 그림을 걸 수 있는 액자이다. 이용자는 엘팩토리의 미술 NFT 플랫폼 앱을 통해 언제 어디서나 콘텐츠를 간편하게 관리할 수 있고, 수천 점의 명화

엘팩토리가 개발한 스마트 액자 '블루캔버스'.
ⓒ블루캔버스닷컴

부터 신진 작가의 작품까지 무료로 자유롭게 감상할 수 있다. 블루캔버스와 같은 디스플레이를 활용해 반드시 실물의 작품이 아니라 디지털 콘텐츠 형태로도 작품을 충분히 즐길 수 있다는 경험이 쌓인다면, 작품의 '복제품'이 아닌 '진품', 즉 'NFT'를 소유하고 싶은 욕구도 더욱 커질 것이다. 크리스티도 이와 같은 시대 변화의 흐름에 따르고자 했다. 특히, 시장과 고객의 변화를 따라가지 않을 수 없다고 판단했다. 디지털 예술 작품은 공급, 관리 측면에서도 훨씬 효율적이라, 크리스티는 실물만을 경매로 취급하던 관행을 깨고 새로운 변화를 과감히 시도했다.

또한 최근 그래픽, 텍스트, 비디오 등 디지털을 기반으로 한 새로운 형식의 예술이 영역을 확대하며 급성장하고 있는 점도 크리스티가 간과할 수 없는 부분이기도 했다. 그럼에도 디지털 예술

작품은 디지털의 특성인 '무한 복제 가능'이라는 점에서 저작자가 그 권한을 오롯이 누리지 못하고 있어 크리스티가 변화의 전면에 나선 것이다. 크리스티는 NFT가 아티스트에게 저작료를 쉽고 정당하게 지급할 수 있는 시스템을 구축한다는 점을 이해하고 적극적으로 용인했다.

NFT는 누구나! NFT로 1,200만 원을 번 중학생

NFT는 디지털 아티스트에게
보다 안정적인 보상을 제공하고, 미술품 수집 및 경매 참여의 문턱을 낮추었다.

NFT 시장의 기회는 누구에게나 열려 있고, 아직 시장 초창기인 만큼 전통 미술품 시장에 비해 더 많은 기회가 있다. 이 기회를 잡아 큰돈을 번 미성년자들이 있다.

영국의 한 소년이 NFT로 두 달 만에 수억 원을 벌어 주목을 받았다. 벤야민 아메드Benyamin Ahmed라는 12세 소년으로 다섯 살 때 웹 개발자인 아버지 임람 아메드의 일하는 모습을 어깨너머로 보며 프로그래밍 공부를 시작했다. 프로그래밍 공부에 점차 재미를 붙여 가던 아메드는 2021년 초 NFT를 처음 접하게 되었고, 여기에 흠뻑 빠지게 되어 자신만의 개성 있는 NFT 컬렉션 제작을 시작했다.

마인크래프트 게임 영상 클립이나 이미지 파일을 NFT로 제작하여, 디지털 자산 컬렉션으로 만들어 판매했다. 그가 처음으로 판매한 컬렉션은 40개의 색상과 픽셀로 이루어진 아바타 '마인크래프트 이하Yee Haa'였다. 두 번째 컬렉션인 '이상한 고래들Weired Whales'은 하루도 되지 않아 모두 팔려 대박을 터트렸다. 이 컬렉션은 8비트 스타일로 만들어진 고래들로 하나당 0.025이더로 총 3,350개가 팔려 80이더를 벌었다. 이를 우리 돈으로 환산하면 약 3억 원에 이른다. 벤야민 아메드는 재판매 시장에서도 NFT의

두 달만에 40만 달러를 벌어들인 NFT 컬렉션 '이상한 고래들'.
ⓒ인사이트

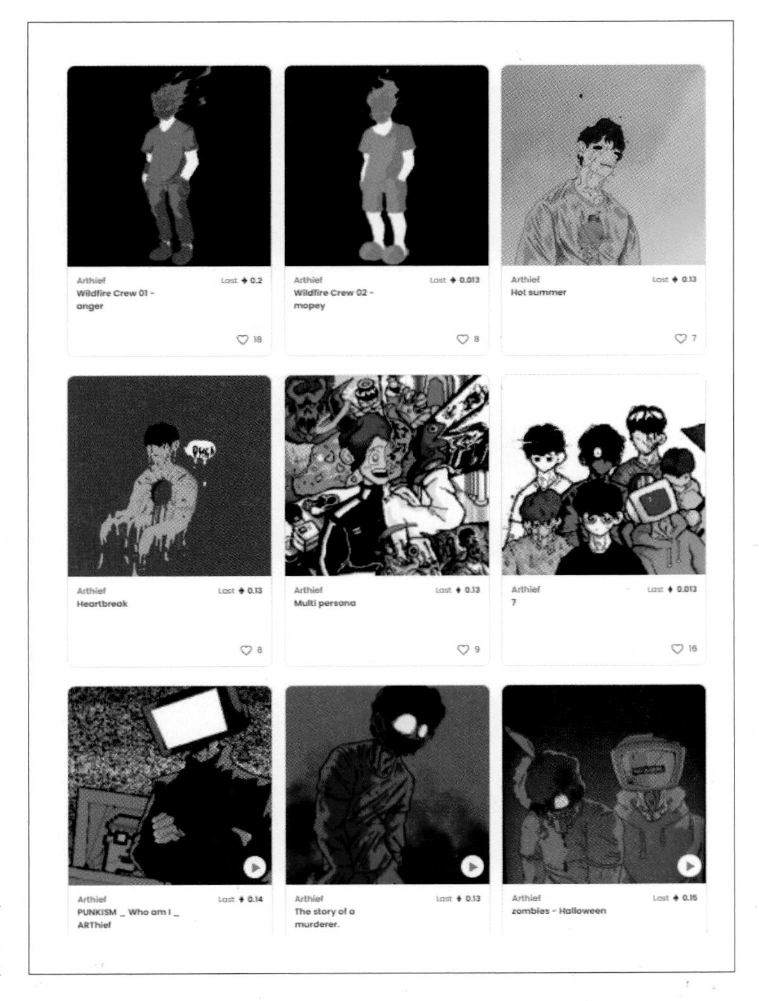

아트띠프의 NFT에 등장하는 7개의 캐릭터를 한데 모은 작품. ©인사이트

2.5% 로열티 수수료를 통해 95,000달러에 해당하는 30이더를 추가로 벌었다. 그의 자산 가치는 현재(22년 1월) 약 5억 원에 이르는 것으로 추산된다.

국내 사례도 있다. 한 14세 중학생이 본인이 7세 때부터 공책에 그린 그림을 NFT화해서 한 플랫폼에 올렸는데, 미국의 한 NFT 아트 컬렉터가 이를 구입했다. 가격은 0.013이더리움으로 약 5만 원 정도이다. 아트띠프Arthief라는 이름으로 활동하는 14세 중학생은 이후 여러 작품의 NFT를 순차적으로 올렸고, 지금까지 약 1,200만 원의 수익을 올렸다. 국내의 한 방송에서 아트띠프의 NFT를 처음으로 구매한 미국의 NFT 아트 컬렉터인 알렉스 고메즈를 인터뷰하였는데, 왜 14세 중학생의 작품을 구입했냐는 질문에 이렇게 답했다. "아트띠프의 그림 스타일에 곧장 매료됐고요. 저는 일러스트 그림을 좋아해요. 포켓몬스터 게임을 하고 자랐거든요. 저는 그의 캐릭터들을 좋아해요. 그는 음악도 만드는데, 다양한 예술을 하는 것도 마음에 듭니다."

그에게 아트띠프가 몇 살인지, 국적이 어디인지는 크게 중요하지 않다. 본인이 수집하고 싶은 예술 작품 스타일에 부합하고, 원작자의 취향이나 NFT 제작 스토리를 공감하고 좋아하기 때문에 NFT를 구입한 것이다.

이처럼 NFT 가상 자산시장의 확대는 예술분야에서는 새로운 성장의 기회를 얻었다는 것과 특히 아마추어 작가나 일반인들의 창작 활동에 동기를 부여할 수 있고 제대로 된 가치를 인정해 줄 수 있다는 점에서 매우 긍정적이다. 향후 가상 자산이 다양하게 활용될 수 있는 메타버스 플랫폼이 증가하고, 사람들이 가상 자산에 관한 관심이 확대될수록 NFT는 중요한 역할을 하게 될 것이다. 그 과정에서 역량 있는 콘텐츠 예술가들은 NFT 크리에이터라는 새로운 직업을 통해 신흥 메타 리치로 성장하게 될 것이다.

NFT는 어디서 사고 파는 걸까?

국내외 대표적인 NFT 거래소는 오픈시,

니프티 게이트웨이, 슈퍼레어, 클립드롭스, 라바랩 등이다.

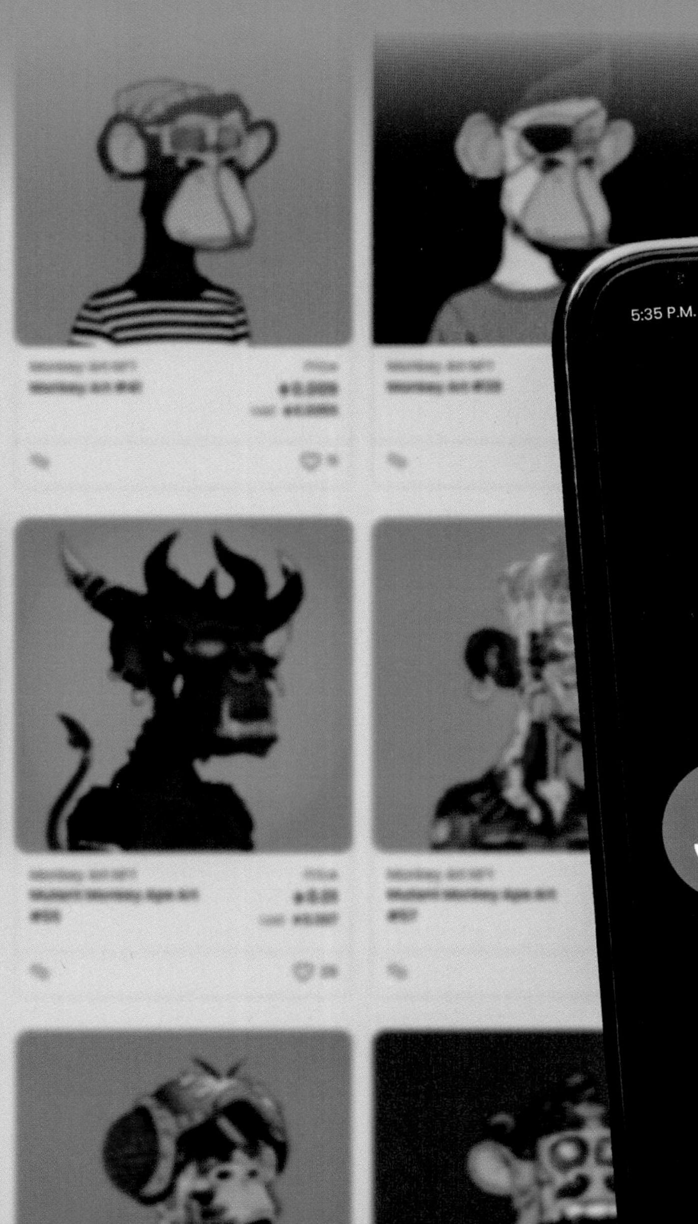

일반인들이 NFT를 제작해 다양한 분야에 활용하고, 이를 판매하기 위해서는 어떻게 해야 할까? 가장 간단한 방법은 NFT를 제작하고 거래할 수 있는 NFT 거래 플랫폼을 이용하는 것이다. 전 세계에서 가장 크고 유명한 NFT 거래 플랫폼으로 '오픈시Open Sea'가 있다. 2021년 기준으로 오픈시에서는 1,500만 개 이상의 NFT가 거래되었으며, 누적 거래액은 3억 5,000만 달러(한화 약 4,000억 원) 이상으로 알려져 있다. NFT를 제작하는 과정을 민팅Minting이라고 하는데 민팅 과정에서 NFT의 이름을 만들고, 원 콘텐츠의 링크를 연결하여 향후 발생할 수 있는 수익 및 원하는 가격 등을 설정하게 된다. 민팅 과정에서 몇몇 거래 플랫폼들은 수수료인 '가스피gas fee'를 부과하기도 한다. 현재 오픈시 외에도 라리블Rarible, 니프티 게이트웨이Nifty Gateway, 슈퍼레어SuperRare 등 최근 다수의 대형 NFT 거래 플랫폼이 탄생했다. 여기서 중요한 것은 NFT의 활용이 확대되는 만큼 믿을 만한 플랫폼이 생겨

	MARKET	AVG. PRICE	TRADERS	VOLUME
1	OpenSea ETH · Polygon	$206.96 -14.24%	42,836 12.25%	$23.21M 1.91%
2	Magic Eden Solana	$368.27 229.23%	31,844 -0.869%	$14.9M 159.01%
3	LooksRare ETH	$7.87k 233.21%	1,311 -32.49%	$13.98M 140.52%
4	BloctoBay Flow	$28.42 4.88%	10,291 377.32%	$392.48k 254.67%
5	CryptoPunks ETH	$97.3k -42.54%	7 -68.18%	$389.2k -82.32%
6	NBA Top Shot Flow	$20.97 14.05%	6,884 -24.19%	$351.97k -11.94%
7	Axie Infinity ETH · Ronin	$9.87 15.33%	7,658 -0.765%	$228.94k 17.45%
8	Decentraland ETH	$2.75k -37.43%	15 87.5%	$211.94k 502.22%
9	Mobox BNB Chain	$128.47 6.8%	794 4.47%	$155.84k 3.48%
10	AtomicMarket WAX	$3.18 -7.14%	7,726 -13.57%	$136.12k -19.17%

NFT 거래소 플랫폼 순위
(2022년 3월 12일 기준)
ⓒ댑레이더(DappRadar.com)

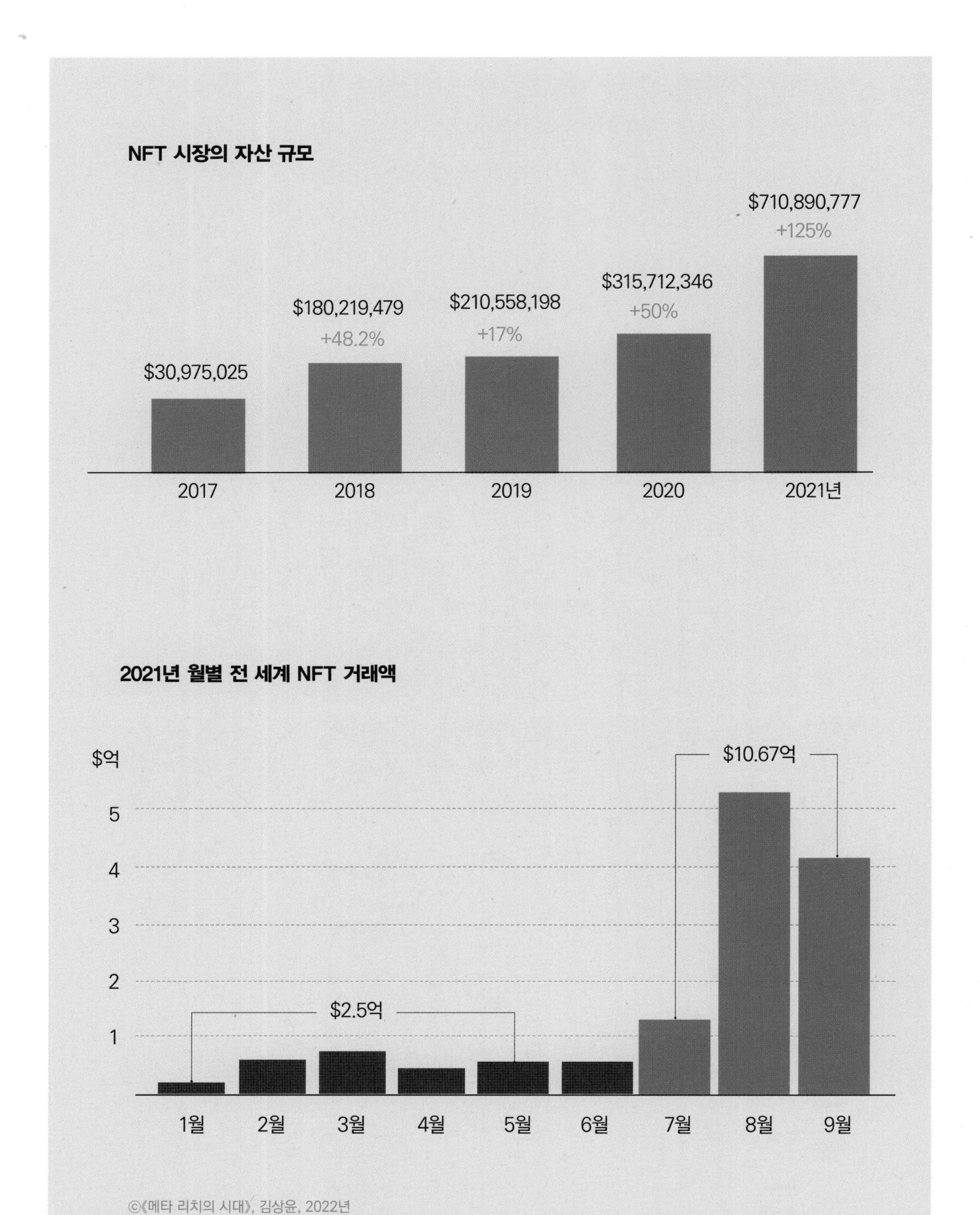
NFT 시장의 자산 규모
$710,890,777
+125%
$315,712,346
+50%
$180,219,479
+48.2%
$210,558,198
+17%
$30,975,025
2017
2018
2019
2020
2021년
2021년 월별 전 세계 NFT 거래액
$억
$10.67억
5
4
3
2
1
$2.5억
1월
2월
3월
4월
5월
6월
7월
8월
9월
©《메타 리치의 시대》, 김상윤, 2022년

나고 있느냐는 점이다.

시중에 이미 수십 개의 NFT 거래 플랫폼이 존재하는데, 이 중 다수는 사업을 중단하기도 했다. 암호화폐 거래소와 마찬가지로 초기시장의 특성상 안정적인 서비스를 제공하는 플랫폼이 시장에 자리 잡기에는 시간이 더 걸릴 것이다. 그러므로 거래 플랫폼을 선택할 때는 마켓 데이터 분석 업체인 댑레이더DappRadar 등의 순위를 체크해 거래 규모나 안정성이 보장된 곳을 꼼꼼하게 고르는 것이 좋다.

NFT 거래 플랫폼에서 NFT의 판매나 구입은 주로 경매 방식으로 이뤄진다. 판매자는 최저가 혹은 목표 기간을 정해서 시장에 올려놓을 수 있고, 구매자는 내가 원하는 카테고리의 NFT를 선택하여 입찰 금액을 제안해서 구매에 참여할 수 있다. 이를 통해, 판매자와 적정 입찰 가격을 제안한 구매자 간의 연결이 성사되고 판매와 구매가 이루어진다.

2021년 기준으로 전 세계 NFT 자산 규모는 약 7억 1,000만 달러이다. 우리 돈으로 환산하면 약 8,000억 원(2021년 기준) 규모로 성장했다. 거래액을 기준으로 보면 2021년 1월부터 6월까지는 매월 1억 달러도 넘지 못했지만, 7월 이후 거래액이 급증하여 8월에는 5억 달러를 넘어섰다. 7월부터 9월까지의 거래액만 합해도 10억 달러가 넘어간다. 2021년 기준 연간 20조 원 이상으로 가치를 평가받고 있다.

제페토에서 돈을 버는 NFT 크리에이터

제페토는 이용자가 직접 콘텐츠를 생산하고 유통하는 '크리에이터 이코노미' 생태계를 구축하고 있다.

메타버스 플랫폼 제페토는 NFT를 활용하여 메타버스 세상에서 의복 산업이 성장할 수 있는 토대를 구축하는 과정에 있다. 제페토는 이용자들이 적극적으로 경제활동을 할 수 있도록 여러 시스템을 제공한다. 대표적으로 이용자들이 아이템을 제작할 수 있는 템플릿 에디터를 제공한다. 샘플 의상을 고르고 2D 이미지를 등록하면 누구나 3D 아이템을 창작할 수 있는 도구다. 디자인을 전공하지 않아도 누구나 손쉽게 패션 아이템을 만들 수 있다. 그리고 이용자는 아이템을 판매해 5,000잼 이상(약 12만 원) 수익을 얻으면, 한 달에 한 번 현금화도 가능하다. 이때 제페토는 결제 수수료 30%를 떼어 가면서 수익을 창출한다.

또한 제페토에서 제공하는 탬플릿 에디터를 활용하면 누구나 쉽게 의복 디자인을 할 수 있다.

최근 제페토, 로블록스, 포트나이트 등 글로벌 상위 메타버스 플랫폼들은 현실 세계의 다양한 경제활동이 가능한 가상 경제

ⓒ제페토

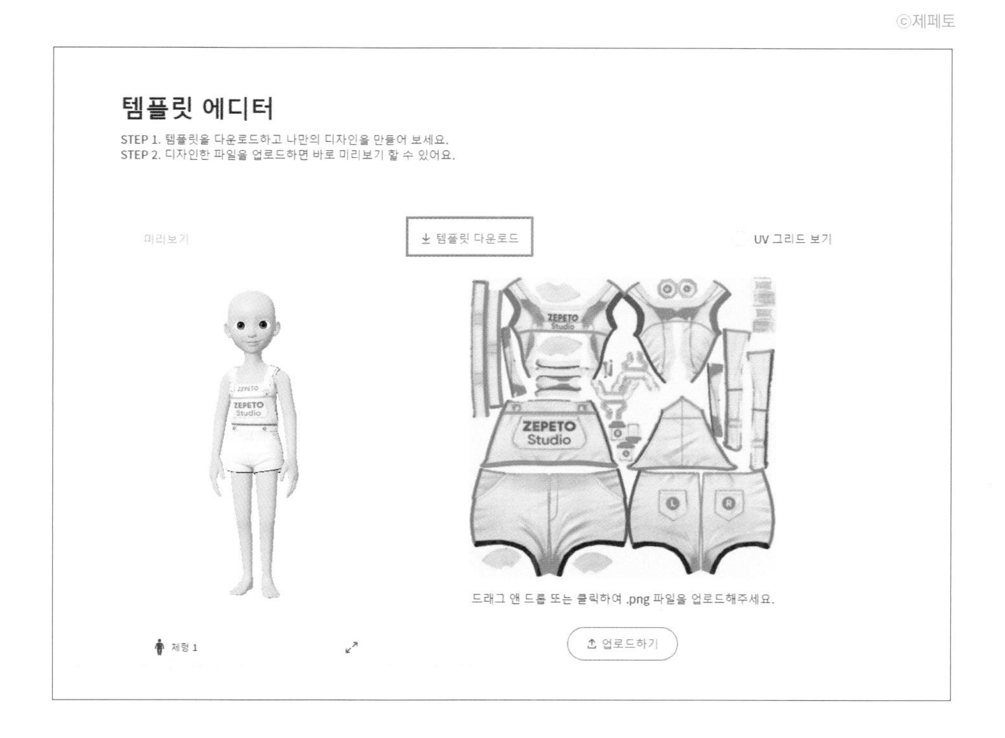

구축을 꿈꾸고 있다. 이를 위해서는 현재 게임과 유사한 형태이지만 향후 더 넓은 범위의 디지털 재화가 이용자에게 도달하고, 이용자 간에 상호 거래가 활발히 이루어져야 하며, 플랫폼 간에도 손쉽게 상호적으로 운용될 수 있는 더 복잡하고 유기적인 가상 경제 생태계가 조성되어야 한다.

제페토 최고전략책임자CSO 이루디는 제페토가 "제페토는 현재 세계 최대의 가상 패션 시장일 것"이라고 말했다. 그리고 향후 다양한 분야의 크리에이터들을 지원하여 제페토가 가상 경제 생태계의 중심이 될 것이라는 점을 밝혔다. 바로 그 가상 경제의 중심에 NFT 시장이 있고, NFT 크리에이터가 있다. 네이버Z 공동대표 김대욱은 "사람들은 이미 여기서 돈을 벌고 있다. 우리가 의도하지 않았는데도 자연스럽게 제페토 중심의 경제 생태계가 굴러가고 있다. (중략) 다니던 회사를 퇴사하고 제페토 의상 디자이너가 된 사람, 제페토 아바타들이 놀 수 있는 맵을 만들어 유통하는 가상 건축가도 생겼다."고 했다.

국내 제페토 크리에이터 렌지는 제페토에서 매월 1,500만 원의 순수익을 올리는 '메타 리치'다. 지난 일 년 반 동안 렌지가 제

1세대 제페토 크리에이터 렌지.
ⓒ이투데이

작하여 판매한 가상 옷(디지털 의류)은 약 1,500벌에 달한다. 제페토라는 메타버스 가상공간에서 사람들이 아바타로 살아가는 시간이 증가하고 다양한 일상 활동이 늘어감에 따라 그는 점점 패션업계의 큰손이 되어 간다. 과거 인류의 현대화 과정에서 의복 산업이 크게 성장하던 시점에서 선도적 사업가들이 새로운 기회를 주도하여 큰 부를 창출했던 것처럼 말이다. 그는 "문과생이지만 일주일간 밤샘하며 독학해서 3D 옷을 만들었다. 제페토는 시간대별 판매량 등을 바탕으로 아이템 순위를 매기는데 그해 4~5월 상위권을 렌지의 신상품들이 싹쓸이했다."고 말했다.

MZ 세대를 중심으로 메타버스는 더 이상 놀이 공간이 아닌, 경제활동의 공간으로서 현실 세계의 많은 부분을 대체하고 있다. 이렇게 온라인 게임, 메타버스 등 가상공간에서 가상 상품을 거래하는 경제 체제를 실감경제Immersive Economy라고 한다. 디지털 의류와 같이 가상 세계의 경제활동 수단은 무형의 디지털 재화이다. 따라서 현실 세계의 재화와 달리 실물이 존재하지 않고 무한 복제가 가능하다 보니, 거래하기 위해서는 가치를 부여하고 소유를 인증하는 과정이 필요하다. 여기에서 바로 NFT가 활용된다. 메타버스 가상 세계에서 나의 아바타가 입는 옷이 '가짜 복사본'이 아닌, '진짜 구입한 제품'이 되는 것이다. NFT는 가상 세계에서도 단 하나의 제품을 소유하고자 하는 인간의 강렬한 욕구를 채워 주고 있다.

과열된 NFT 시장의 위험들

국내의 NFT 열풍은
게임 NFT가 주도하고 있다.

NFT 발행과 거래를 둘러싼 잠재적인 위험과
불확실성을 알아둘 필요가 있다.

NFT 시장은 과열된 양상을 띠고 있다는 지적을 하는 사람들도 많다. MIT 테크놀로지 리뷰MIT Technology Review는 최근 제기되고 있는 NFT 시장에 관한 우려 사항을 다음과 같이 다섯 가지로 설명했다.

첫째, 투기 광풍이다. 초기 시장이라는 특성으로 인해 쏟아져 들어오는 '눈먼 돈'의 비중이 작지 않다는 비판이다. 830억 원에 판매된 비플의 작품마저 '거품'이라는 주장이다. 몇 년 전부터 유명인들이 너도나도 유튜브 채널을 만드는 것이 유행이었듯이 유명인들의 NFT 제작도 점점 유행처럼 번지고 있다. 게다가 NFT의 경우 그들의 이름값에 따라 천차만별의 '값어치'가 매겨진다. 이처럼 유명인들은 물론 일반인들 사이에서도 너무나 많은 NFT가 새로 생겨나다 보니, 이를 투자처로 생각한 구매자들의 피해 또한 커지고 있다. 인도의 한 청년이 찍은 셀카가 14억 원에 팔리는가 하면, 오디오 SNS 클럽하우스Clubhouse에서 사람들이 웅성거리는 소리를 녹음하여 제작한 NFT가 NFT 경매 플랫폼에 올라오기까지 한다. 또한, 유명 연예인들은 최근 NFT를 자신들의 홍보나 주요 활동에 활용하기도 한다. 실물 예술품의 특징처럼 디지털 예술품 역시 유명 작가의 작품은 그 가치도 높게 측정되어 더 상승할 가능성이 크다. 높은 대중 인지도, 창작자의 유명세, 희소성이 있는 NFT는 발행과 판매가 수월하게 이루어질 수 있다.

하지만 무명작가의 작품 혹은 일반인의 NFT를 구매했을 때, 이후에 가치가 상승할 가능성은 매우 낮다. 물론, 0.01% 확률로 대박이 나는 경우도 있겠지만 최근 언론에 오르내리는 NFT로 대박이 난 예술 작품은 정말 극소수에 지나지 않으며, 아직도 오픈시와 같은 NFT 거래 플랫폼에는 단 한 번도 다른 이용자에게 조회되지 않은 수천, 수만 개의 NFT가 존재

린제이 로한은 모피에 반대하는 의도로 개, 여우를 의인화하여, 본인과 닮은 캐릭터를 만들었고, NFT를 발행했다.
ⓒ《메타 리치의 시대》, 김상윤, 2022년

한다

둘째, 환경 문제다. NFT의 발행과 유통으로 인해 발생하는 블록체인 검증 과정에 드는 전력 소비가 지나치다는 점이다. 이러한 우려에 따라 현재 NFT 기술의 시장 표준으로 자리 잡고 있는 ERC-721* 방식을 적용한 대표적인 블록체인인 이더리움은 2020년 12월 전력 소비가 보다 적은 방식으로 전환하겠다는 발표를 하기도 했다.

린제이 로한Lindsay Lohan은 무일푼 예술가들을 돕겠다는 뜻으로 자신의 캐릭터를 동물로 표현하여 NFT를 제작해 판매했다. 그리고 '모피를 쓰지 말자.'는 숨겨진 메시지를 담았다. 그의 NFT 중 하나는 4,700달러에 판매되기도 하였다. 하지만 엄청난 컴퓨팅 파워를 필요로 하는 NFT와 동물 보호를 엮는 것은 딜레마라며 여러 언론의 지적을 받기도 했다.

BTS의 일부 팬이 하이브에게 NFT 관련 보이콧을 진행하기도 했다. 보이콧 사유는 NFT 발행을 위한 암호화폐 채굴의 환경파괴이다. 하이브는 암호화폐 거래소 업비트를 운영하는 두나무와 장기적인 파트너십을 구축하고 NFT를 포함해 신규 사업을 공동 추진할 것이라 밝혔다. BTS를 포함한 자사 아티스트의 디지털 콘텐츠를 NFT화할 계획도 세웠다. 하지만 BTS의 일부 팬은 NFT의 본질인 암호화폐 이더리움을 채굴하는 과정에서 탄소가 발생하는 점을 문제로 삼았다. 또한, 암호화폐 가치 변동성에 따라 NFT 굿즈를 구매한 BTS의 팬들이 손실을 볼 수도 있다는 점도 지적했다. 두나무는 적어도 탄소 발생에 관해선 큰 문제가 없다는 입장을 밝히고 있다. 두나무 관계자는 BTS의 NFT 발행과 거래 플랫폼에 관해 "채굴에 덜 의존해 에너지 소비를 최소화할 것"이라며 "탄소 발자국을 거의 무시해도 될 수준"이라고 말했다.

셋째, 저작권 문제다. NFT의 발행에는 대상 파일에 관한 저작권

이 필요하지 않기 때문에 원작자가 모르는 사이에 본인의 작품이 나 소유물이 NFT로 발행되어 거래되는 문제가 생길 수 있다. 인터넷에 떠도는 영상이나 그림을 NFT화하는 것이 그 경우다. NFT를 발행하기 위해서는 창작자의 저작권을 양도받거나 이용 허락을 받아야 한다. 그러나 이를 제대로 단속하는 기관이 없는 것이 문제다. 최근 확대되고 있는 NFT 거래소에서도 NFT 발행 시에 최초의 창작자를 정확히 따져 묻지 않는다. NFT를 구매할 때도 저작권에 관한 부분을 충분히 인지한 후 구매해야 한다. NFT를 구매하더라도 원본의 저작권은 그대로 창작자에게 남아 있다. 다시 말해, NFT 구매자가 저작권자와의 계약에 따라 저작권을 별도로 이전 받지 않는다면 저작권자는 여전히 새로운 NFT를 생성할 수 있고 저작물을 다른 곳에 사용, 전시, 배포할 수 있는 권리가 있다. NFT의 구입, 소유가 해당 작품이 온전히 내 것이라는 물질 세계의 소유와는 개념이 다르다는 것을 분명히 인식해야 한다. NFT의 저작권과 소유권 문제는 향후 NFT 시장 성장의 가장 큰 걸림돌로 작용할 가능성이 크다. 저작권과 소유권의 문제는 향후 NFT 시장 대중화에 있어 가장 민감하게 부각될 수 있다. 여러 분야의 전문가들이 함께 머리를 맞대고 풀어 나가야 할 과제이다.

넷째, 안전성 측면이다. 블록체인이 해킹에 완전히 자유로울 수 없다는 주장이다. 이는 블록체인 기술이 이론적으로는 해킹이나 위변조를 막기에 완벽한 기술로 여겨지나 최근 암호화폐, NFT의 소규모 거래 플랫폼들이 난무하는 상황에서 충분히 빈틈이 생겨날 수 있다. 현재 기술 자산 거래시장이 너무나도 빠르게 형성되고 있어 우려스러운 상황이다. 또한, NFT를 통해 취득한 소유권은 반영구적이라고 볼 수 있으나, 소유 대상의 '원본'이 소실될 우려는 언제든지 존재한다. NFT는 블록체인 기술을 활용하기 때문에 원 콘텐츠와 연결된 디지털 정보의 위조나 변조는 막을 수 있지만 만약 원 저작자가 NFT에 연결된 원 콘텐츠 자체를 훼손하

NFT 판매 후, 개발자가 파기해 버린 Evolved Apes 원숭이 NFT.
ⓒEvolved Apes

거나 파기하면 그 어떠한 방어도 할 수 없다. 그러면 NFT를 구매한 사람은 속수무책으로 피해를 당할 수밖에 없다. 이것이 바로 NFT의 기술적 한계이다.

디지털 아트 작품을 NFT로 발행하면 디지털 이미지, 텍스트, 영상물 등의 명칭과 창작자, 작품 정보 등의 메타데이터metadata가 블록체인 위에 기록된다. 작성자, 항목 설명, 가격, NFT 생성일, 해당 디지털 아이템의 소유권, 로열티, 거래 내역도 기록된다. 또한 해시값hash value*과 함께 그 디지털 이미지 원본과 연결되는 링크가 생성된다. 즉, NFT는 해당 이미지를 설명하는 구체적인 정보일 뿐 이미지 실체가 담긴 것은 아니다. 예를 들어 원작자가 원본 이미지의 위치를 옮겨 버리거나, 해당 위치의 원본 파일을 아예 삭제해 버린다면 문제가 생긴다. 마트에서 물건을 샀는데, 집에 오니 물건이 사라진 것과 같다.

최근 이러한 NFT의 기술적, 구조적 한계를 파고들어 구매자가 피해를 보는 사례가 종종 발생하고 있다. 가상 자산 개발자가 사기성 프로젝트에 관한 투자금을 모은 뒤 프로젝트를 파기하는 수법인데, 이를 러그풀Rug Pull이라고 한다. 양탄자라는 뜻의

'러그Rug'와 당긴다는 뜻의 '풀Pull'의 합성어로, 양탄자를 깔았다가 그 위에 사람들이 올라오면 갑자기 잡아 뺀다는 뜻이다. 최근 'Evolved Apes'라는 컬렉션에 속해 있던 한 개발자는 NFT 판매로 수백만 달러의 매출을 올린 후 사라졌다. 이미 많은 사람이 NFT를 구매한 이후였다. 이러한 사건은 NFT의 개발자, 즉 원작자에 많은 것을 의존할 수밖에 없는 현재의 NFT 시장의 한계를

니더컨펌의 러그풀 사례

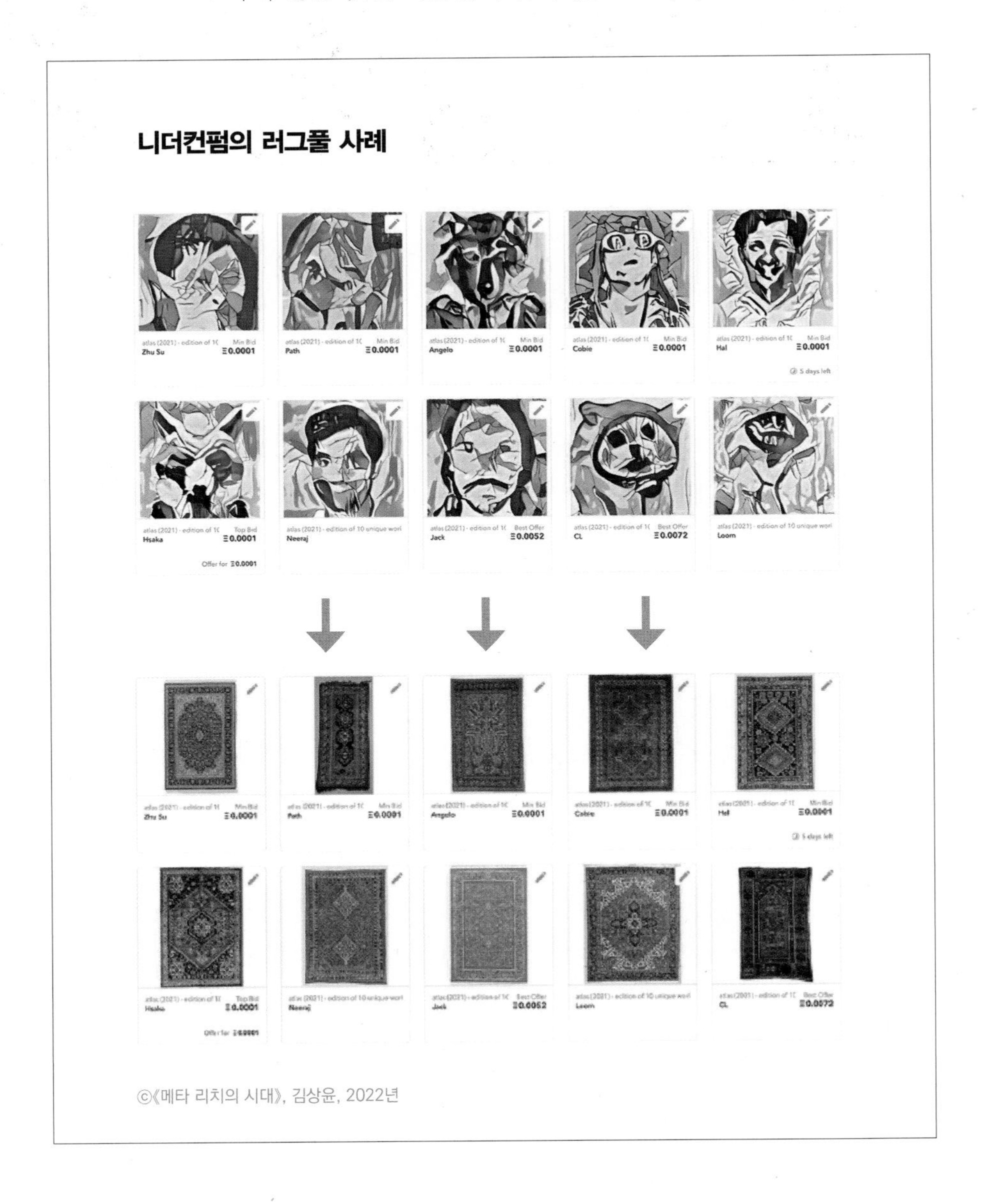

ⓒ《메타 리치의 시대》, 김상윤, 2022년

드러내기도 한다.

2021년 3월, '니더컨펌Neitherconfirm'이라는 가명을 사용하는 크립토 아티스트는 인공지능이 그린 26개의 초상화로 세계 최대 NFT 거래 플랫폼 오픈시에서 NFT 컬렉션을 열었다. 구매자들의 관심이 확대되어, 일부 구매가 이루어진 상황에서 아티스트는 모든 NFT의 이미지를 카펫 이미지로 변경했다. 그는 "누군가가 당신의 소유물을 마음대로 변경하거나 파괴할 수 있다면, 대체 불가능한 토큰NFT을 만드는 것이 무슨 의미가 있습니까? 당신의 작품이 중앙 서버상에 존재하는 한 당신은 아무것도 소유하지 않는 겁니다."라고 말하며 NFT 구매의 위험성을 지적하기 위해 이런 일을 벌였다고 했다. 이렇듯 NFT는 아직 기술적, 사회적, 산업 질서적으로 완벽하게 진화하지 못한 상황임을 인지하고 접근할 필요가 있다.

니더컨펌은 직접 NFT를 엉뚱한 이미지로 교체한 것을 보여 주면서, 중앙화된 NFT는 여전히 분실, 위변조될 수 있다는 심각한 위험성을 지적했다.

VIRTUAL 05

P2E: 메타버스 세계에서 돈을 벌 수 있을까?

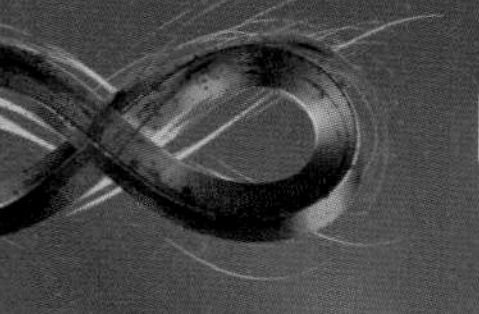

P2E가 뭘까?

P2E 게임은 게임을 해서

돈을 벌고 싶은 사람을 타킷으로 만든 게임으로 가장 대표적인 것은 엑시 인피니티와 크립토키티이다.

P2EPlay to Earn 즉, 게임을 해서 돈을 번다는 뜻이다. 이 말만 들으면 페이커(이상혁 선수)와 같이 구단에 소속되어 연봉과 상금을 받는 프로 게이머를 생각한 사람이 많겠지만, 이제 프로 게이머가 되지 않더라도 개인이 게임으로 돈을 벌고, 생계를 유지할 수 있는 시대가 되었다. 과거 게임은 이용자가 게임을 하는 자체를 즐기고, 게임에서 승리하기 위해서는 어느 정도의 과금이 필요한 P2EPlay to Earn 모델이 강세였다. 이 방식은 많은 이용자에게 피로감을 줬으며, 이에 관한 비난의 여론도 컸다.

하지만 이제는 이용자가 본인이 좋아하는 게임을 즐기며 돈도 벌 수 있는 P2E 형태의 게임이 부상하고 있다. 일반인이 게임으로 현실 세계의 돈을 번다는 것에서 게임 속 아이템 거래를 떠올리는 사람도 많을 거다. 1998년에 게임 회사 엔씨소프트가 출시한 리니지 게임의 이용자가 아이템 등을 팔면서 큰 수익을 얻거나, 혹은 반대로 이용자가 게임에 큰돈을 투자하여 패가망신한 사례가 논란이 된 적이 있다. 당시 P2E 문화가 정착되지 않은 데다 게임 아이템 거래 시 사기도 상당히 많아 더 논란이 되었다.

리니지W 게임.
ⓒ엔씨소프트

거래 시장이 안전하지 못하다 보니 리니지를 통해 큰 수익을 번 사람은 있지만, 리니지 게이머를 직업으로 삼고 긴 시간 생계를 유지하기는 어려운 상황이었다.

P2E는 위의 단점을 극복한 게임 방식으로 이용자가 게임의 재미를 추구하면서도, 이전과 달리 안전하게 현실 세계의 돈을 벌 수 있도록 설계한다. 블록체인과 NFT를 기반으로 만든 게임에서 이용자가 획득한 캐릭터나 아이템 등에 NFT를 부여하면, 이용자가 이를 안전하게 거래할 수 있게 만드는 방식이다. 이용자는 게임을 플레이한 보상으로 획득한 아이템 등을 다른 유저들과 직접 교환하거나 게임 토큰으로 바꿀 수도 있다. 이때 게임 토큰을 탈중앙화거래소DEX 혹은 중앙화거래소CEX를 통해 다른 가상 자산으로 교환이 가능하다. 그후 해당 가상 자산을 거래소를 통해

Play to Earn

미르4 이미지.
ⓒ위메이드

판매하여 현실 세계의 돈을 버는 방식이다.

이미 엑시 인피니티 등의 P2E 게임이 세계 게임시장에서 흥행하였고, 많은 국내 게임사들도 글로벌 P2E 게임시장에 진출하고 있다. 국내 게임 기업 위메이드가 2020년에 출시한 모바일 MMORPG '미르4' 글로벌 버전이 대표적이다. 해당 게임은 위메이드가 2000년에 출시한 '미르의 전설' 후속작으로 사실 국내 시장에서는 큰 인기를 끌지 못했었다.

하지만 블록체인을 기반으로 해 P2E 방식을 접목한 '미르4'는 글로벌 게임 유통 플랫폼 '스팀'의 게임 순위 상위권에 오를 만큼 큰 인기를 끌고 있다. 2021년 4분기 평균 월간 활성 이용자 620만 명을 기록했으며, 최고 동시 접속자는 140만 명을 넘어섰다고 한다.

'미르4'를 제작한 위메이드는 P2E 게임과 블록체인 네트워크인 '위믹스' 플랫폼을 앞세워 역대 최대 실적을 기록했다. 2021년 연간 매출은 전년 대비 344% 증가한 5천 610억 원을 올렸고, 영업

'오딘:발할라 라이징' 이미지.

이익은 3천 258억 원, 당기 순이익은 4천 851억 5천만 원으로 흑자 전환했다고 한다.

이처럼 '미르4'가 성공하자 국내 많은 게임사들이 연이어 P2E 게임을 준비하거나 출시하고 있다. 국내외에서 큰 인기를 끈 '오딘:발할라 라이징'을 출시한 카카오게임즈는 현재 오딘에 어떤 방식으로 P2E를 적용하는 것이 맞을지 고민 중이라고 했으며, 2022년에 다른 P2E 게임을 7~10개 출시할 예정이라고 했다.

현재 게임업계에서는 게임 본연의 재미를 추구할 수 있도록 게임을 설계하는 것이 중요한지, P2E를 강조하는 것이 중요한지에 관해 고민이 많다고 한다. '배틀그라운드'의 개발사인 크래프톤의 배동근 최고재무책임자CFO는 2021년 3분기 콘퍼런스콜에서 "NFT가 시장에서 큰 주목을 받고 있다는 건 알고 있고, 크래프톤도 NFT 트렌드가 게임으로 연결될 수 있도록 연구를 진행하고 있다."면서도 "게임 속 콘텐츠가 게임 밖에서도 가치를 가지려면 게임 자체의 재미가 본질적인 가치다."라고 말했다. P2E나 NFT 등 새로운 기술보다 게임의 재미를 더 우선해야 한다는 말이다.

그는 P2E와 NFT를 게임의 목적이 아닌 즐거움을 더할 수단으로 바라보고 있다고 강조했다.

현재 게임업계는 P2E 게임이 먼저냐, 재미가 먼저냐를 두고 여러 고민을 하고 있다. 앞으로 블록체인 기술과 NFT가 더 많은 사람들에게 상용화되면서 게임업계는 더 놀라운 변화를 겪을 수밖에 없을 것이다.

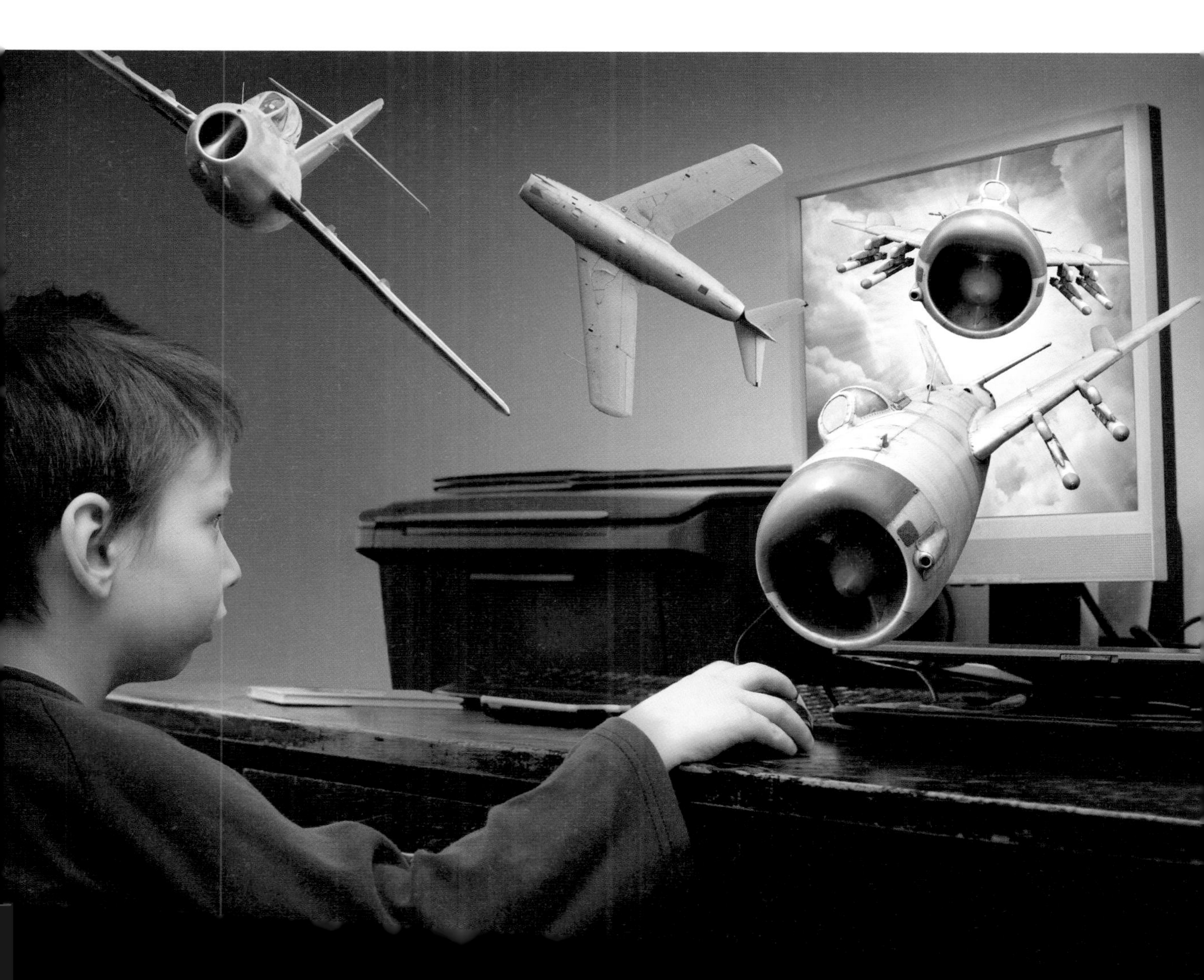

생계를 위해 P2E 게임을 하는 어린이들

P2E 게임은 블록체인 기술을 접목해 아이템과 캐릭터를 '개인의 소유'로 만든다. 이용자들은 자신의 아이템을 다른 이용자에게 팔고, 이를 코인 및 현금으로 교환하면서 '수익'을 낼 수 있다.

2021년 10월, 온라인 영화제 '로빈슨 국제 영화제Robinson Film Awards'에서 단편 다큐멘터리 부분을 수상한 네이든 스메일 감독의 단편 다큐멘터리 영화 〈플레이 투 언Play to Earn〉은 먹고살기 위해 게임을 하는 필리핀 어린이들의 이야기를 담고 있다. 18분 길이의 이 다큐멘터리 영화는 '엑시 인피니티Axie Infinity'라는 게임을 하는 필리핀 어린이들이 나오는데, 그들은 생계를 이어 가기 위해 게임을 한다.

〈플레이 투 언Play to Earn〉의 한 장면이다. 한 학생은 코로나19로 일하던 식당에서 일자리를 잃자 밤낮으로 엑시 인피니티에서 코인을 모아 로스쿨 학비를 벌었다고 한다.

필리핀은 자국 내 경제산업이 약한 탓에 해외에 이주하여 일하는 필리핀 노동자들의 송금에 의존하는 경향이 크다. 그러나 코로나19로 해외 취업이 제한되면서 생계가 어려워진 빈곤층이 늘었다. 이런 상황에서 가상 자산의 가치가 올라갔고, 게임을 통해 현지 임금에 버금가는 상당한 수입을 창출할 수 있는 P2Eplay to earn 게임을 통한 경제활동이 증가하게 된 것이다.

2018년, 베트남의 게임 회사인 '스카이 마비스Sky Mavis'는 가상

ⓒ〈플레이 투 언〉 유튜브

자산을 활용해 엑시 인피니티 게임을 출시했다. 이 게임 속 캐릭터가 '엑시Axies'인데 이용자가 자신만의 엑시를 키우고 이를 NFT 형태로 판매할 수 있다. 스카이 마비스 공동설립자 제프리 저린Jeffrey Zirlin은 "전체 이용자 중 필리핀 이용자가 60%를 차지한다."며, 엑시 인피니티의 게임 속 가상 경제가 현실 경제를 뒷받침하는 데 기여하고 있다고 주장한다.

엑시의 거래에는 엑시 인피니티 샤드Axie Infinity Shard, 이하 AXS라는 코인이 활용되는데 1AXS는 21년 12월 기준으로 16만 6,000원대이다. 이 게임을 시작하려면 처음에 엑시 세 개가 필요하다. 값이 저렴한 엑시는 1~2AXS 정도지만 비싼 엑시는 1,000만 원을 넘는 것도 있다. 그만큼 막대한 초기 자금이 필요하지만 보유한 엑시를 다른 엑시와 교배하여 그 사이에서 탄생하는 새로운 엑시를 거래할 수도 있다. 또한, 게임 속 미션을 완료하면 전 세계 다수 거래소에 상장된 가상 자산인 SLPSmooth Love Potion라는 코인도 제공된다. SLP는 하루 최대 125개까지 제공되는데 이용자는 이를 되팔아 수익을 얻거나 게임 내 다른 아이템을 구매하는

엑시 인피니티 게임 속 한 장면.
ⓒ스카이마비스

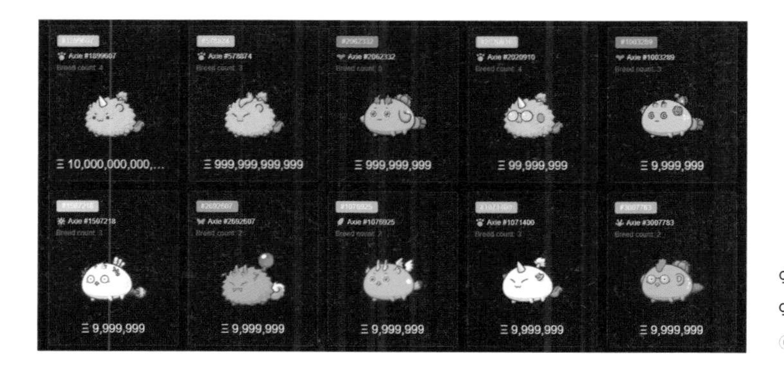

엑시 인피니티에서 키운
엑시는 NFT로 거래할 수 있다.
©엑시 인피니티 마켓플레이스

것으로 활용할 수 있다.

이렇듯 게임 속 화폐인 AXS와 SLP를 통해 얻는 수익이 필리핀의 월평균 소득을 웃돈다. 그래서 필리핀에서는 엑시 인피니티를 통해 생계를 유지하는 어린이들이 수십만 명에 이른다.

필리핀 정부는 엑시 인피니티로 돈을 버는 사람들이 급격히 늘자 이를 어떻게 관리해야 할지 고민에 빠졌다. 필리핀에서 암호화폐는 과세 대상이지만 AXS, SLP를 암호화폐로 봐야 할지, 증권으로 봐야 할지 중앙은행과 증권거래위원회에서 아직 판단을 내리지 못한 상태다.

AXS 코인

SLP 코인

게임으로 수억 원을 버는 초등학생

블록체인과 NFT,

암호화폐가 새로운 보상 시스템을 구축함으로써

비즈니스의 패러다임을 바꿔 놓고 있다.

"사람들은 우리 엄마에게 제가 게임을 하지 못하게 해야 한다고 했었어요. 그건 저에게 도움이 되지 않을 것이라고요. 그렇지만 그것이 저를 여기까지 데리고 왔습니다."

전 세계 메타버스의 선두 주자로 우뚝 선 게임 유통 플랫폼인 로블록스에서 5억 이상의 수익을 올리고, 저소득층의 학자금을 지원 중인 22살의 앤이 한 말이다. 로블록스는 다른 게임들과 다르게 아바타로 구현된 개인이 로블록스가 제공하는 툴을 이용해 게임을 만들고 이를 유통해 수익까지 창출한다. 현재 로블록스 내에서는 약 2,000만 개의 게임이 존재하며, 약 130만 명의 이용자들은 자신들이 만든 게임으로 평균 1만 달러 이상을 벌어 가고 있다. 게임을 만드는 방식도 간단하다. 3,500만 개의 개발 도구를 이용해 마치 레고를 쌓듯 게임 스테이지를 만들면 끝이기 때문이다. 전문적인 기술이나 높은 컴퓨터 사양이 필요 없어 초등학생도 쉽게 만들 수 있다. 실제로 로블록스에서 유통되는 대부분의 게임은 초등학생이 직접 제작한 것이다.

앞서 소개한 로블록스 게임 제작자 앤 슈메이커Anne Shoemaker

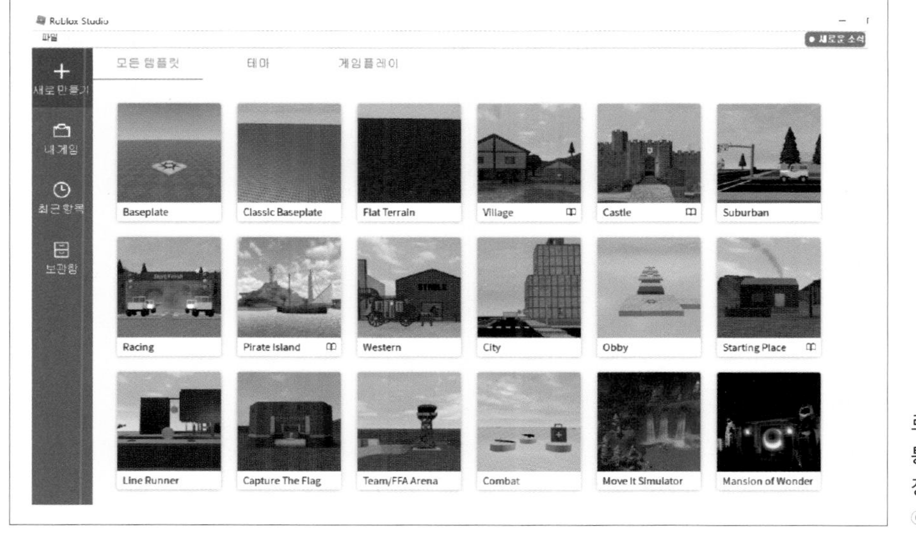

로블록스 스튜디오를 통해 게임을 만드는 장면.
ⓒ로블록스

로블록스
머메이드 라이프 게임.
©유튜브 캡처

는 로블록스에서 롤플레잉 게임인 '머메이드 라이프Mermaid Life'와 가상 반려동물 게임인 '마이 드롭렛My Droplets'이라는 두 개의 로블록스 게임을 개발했고, 2021년에는 5억 원의 수익을 올렸다.

올해 22살이 된 앤은 10살이었던 2008년, 처음 로블록스를 시작하고 자신의 첫 번째 게임을 만들었다. 이제 그는 로블록스 안에서 사람들이 자신만의 슈퍼히어로가 되어 게임을 즐길 수 있는 6개의 롤플레잉 게임 시리즈를 가지게 되었고, 앤이 개발한 게임들은 많은 사람에 의해 수천만 시간 동안 플레이가 되기도 했다. 앤은 가상 세계에서 번 돈으로 현실 세계 저소득층 사람들의 대학 교육을 위해 40개의 학자금 대출을 지원하고 있다.

로블록스에서 매년 30억을 벌고 있는 소년의 사례도 있다. 로블록스에서 가장 인기 있는 게임 중 하나인 '탈옥수와 경찰Jailbreak'은 당시 9살 초등학생이었던 알렉스 발판츠Alex Balfanz가 만들었다. 그가 "친구들과 바깥에서 하고 싶은 놀이를 메타버스에서 만들었어요. 그냥 내가 하고 싶은 대로 구상했는데, 그게 바로 '탈옥수와 경찰'이에요. 저는 요즘도 제 게임을 즐겨요."라고 설명한 이 게임의 최대 동시 접속자 수는 60만 명이며 '21년 기준

로블록스 게임
'탈옥수와 경찰'.
ⓒ로블록스

매월 25만 달러(약 2억 8,242만 원)를 벌어들이는 것으로 알려졌다.

쉬운 접근성 덕분에 로블록스는 미국 10대들에게 폭발적인 인기를 얻고 있다. 미국 13세 미만 어린이들의 60%가 매일 세 시간 이상 로블록스에 접속해 있을 정도다. 그들은 로블록스 세상에서 아바타의 모습으로 직접 게임을 만들고, 만든 게임으로 돈도 벌고, 다른 사람이 만든 게임도 하면서 시간을 보낸다.

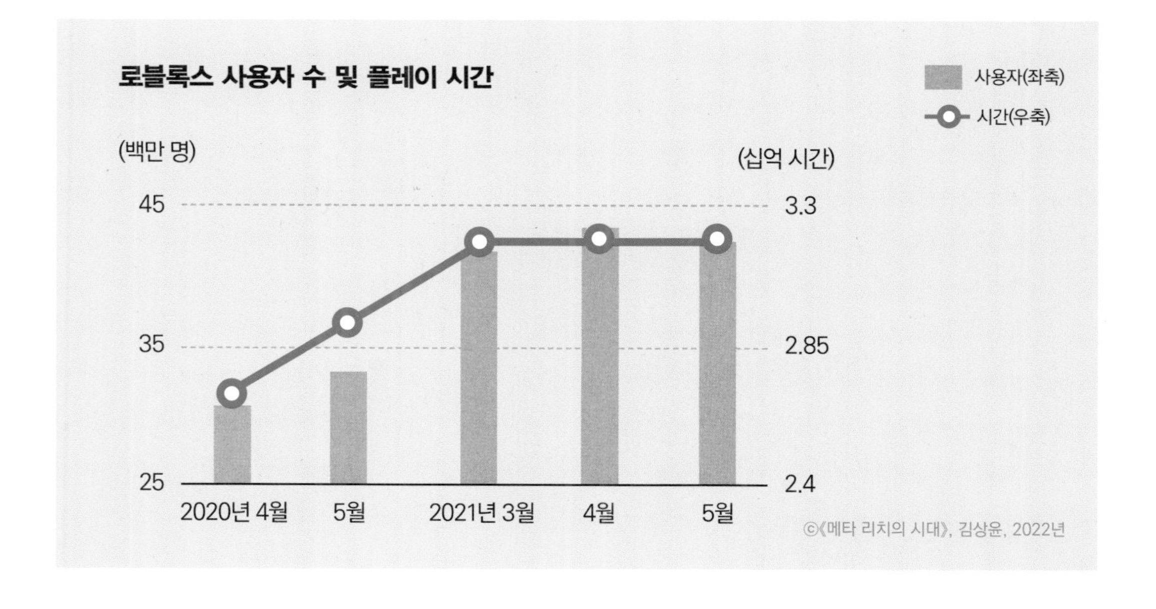

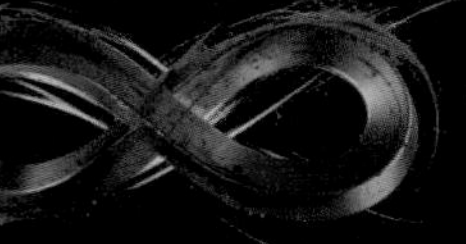

P2E는 가상 경제의 기반이 될까?

보이지 않는 새로운 세상,
무형 자산의 시대가 오고 있다.

게임업계가 앞다투어 P2E 게임 개발에 뛰어들고 있는 이 흐름은 향후 펼쳐질 메타버스 세상의 다양한 경제활동 확대의 시초라고 여겨진다. 앞으로 다양한 업종의 서비스와 사람 간의 소통 및 거래가 메타버스 공간에서 확대될 수 있으며, 이것이 경제활동을 수반한다면 그 폭발력은 엄청날 것이다. 엑시 인피니티 일일 사용자가 1~2년 사이에 4,000명에서 200만 명으로 급증한 것은 메타 트랜스포메이션을 준비하고 있는 여러 기업과 우리에게 시사하는 바가 크다.

메타버스 세상은 현재는 각기 작은 플랫폼 수준이다. 그러나 향후 많은 사람이 메타버스 공간에서 생활하고, 경제활동의 범위가 확대될수록 개별 플랫폼들의 연결성, 상호 운용성이 강화될 것이다. 즉, 하나의 플랫폼에서만 쓰이던 암호화폐, NFT 등의 가상 자산이 서로 다른 플랫폼에도 상호 운용될 것이며, 사람들은 하나의 아바타를 만들어 여러 플랫폼을 오가며 가상 생활을 누리게 될지도 모른다. 또한 VR, AR 등 각종 메타버스 기기의 발전은 변화의 속도를 더 빠르게 할 것이다.

이러한 변화가 시작되면 현실 세계의 많은 영역이 급격히 가상 세계로 옮겨 가게 될 것이다. 메타버스 속 경제활동은 국경이

게임산업 진흥에 관한 법률 내 P2E 게임 관련 조항

ⓒ국가법령정보센터

조	항	내용
제28조	제2항	게임 머니의 화폐단위를 한국은행에서 발행되는 화폐단위와 동일하게 하는 등 게임물의 내용 구현과 밀접한 관련이 있는 운영방식 또는 기기·장치 등을 통하여 사행성을 조장하지 아니할 것.
	제3항	경품 등을 제공하여 사행성을 조장하지 아니할 것.
제32조		누구든지 게임물의 유통 질서를 저해하는 다음 각 호의 행위를 하여서는 아니 된다.
	제7항	게임물의 이용을 통하여 획득한 유·무형의 결과물(점수, 경품, 게임 내에서 사용되는 가상의 화폐로서 대통령령이 정하는 게임 머니 및 대통령령이 정하는 이와 유사한 것을 말한다.)을 환전 또는 환전 알선하거나 재매입을 업으로 하는 행위.

없다. 경계가 없는 디지털 세상의 특성은 현 체제의 많은 부분을 바꿔 놓을 수 있다. 특히 필리핀, 베네수엘라와 같이 코로나19로 경제 침체가 확대된 저소득 국가에서 메타 트랜스포메이션은 새로운 기회가 될 수 있다. 이를 통해 게임 기반 NFT 시장이 세계화되면, 개개인의 소득 증가뿐만 아니라 경제 권역이 국경을 넘어 확장되므로 또 다른 기회를 얻을 수 있다.

물론 아직까지 한계는 존재한다. 현재 대부분의 나라에서 P2E

게임을 허용하고 있지만, 우리나라와 중국은 P2E게임을 법적으로 허용하지 않았다. 국내 게임 업체들은 이에 규제 완화를 요구하고 있다. 2022년 2월 23일 진행된 '게임정책 방향 및 제언 토론회'에 참석한 게임 회사 액션핏의 주승호 대표는 "다가오는 메타버스의 시대를 블록체인 게임을 통해 선행 학습할 수 있으며, 이를 위해 규제 샌드박스를 적용해서 갈 필요가 있다. 다만, P2E 게임 경쟁이 심해지면 너무 사행성으로 빠질 수 있어 경계해야 하고, 위

험을 감수하고서라도 경험 후에 이용자들의 안전을 지킬 수 있는 가이드라인이 필요하다."라고 이야기했다.

하지만 이것이 실현되려면 우선 국가가 게임 이용자의 게임 가상 자산을 합법적인 재산으로 인정해 줘야 하며, 합법적인 과세 기준을 제시해야 한다. 그리고 게임 가상 자산을 통한 모든 경제 활동에서 이용자를 보호할 의무를 가진다. 게임 관련 법령에 정의되는 사행성에 관한 규정 변경도 필요할 것이다. P2E 모델을 적용한 게임 사업자는 도덕적, 법적 책임과 재무 건전성, 게임 이용자의 재산권 인정에 관한 서비스 약관 개정 등 실질적인 제도 개선도 해야 한다.

추가로 P2E 게임은 아직 게임 속의 중앙집중화를 본질적으로 제거하지 못하고 있다. NFT로 거래되는 자산을 제작하고 거래하려면 해당 게임 플랫폼의 게시자 권한 아래에서만 가능하기 때문이다. 앞서 제시한 웹 3.0이 분산화되고, 개인 기반의 자율화된 형태로 플랫폼이 운영되려면, 기존 플랫폼 업체들이 기득권을 내려놓고 거대한 담론에 뛰어들어야 한다. 마치 웹 2.0 시대에 기득권을 쥐었던 메타(구, 페이스북), 엔비디아, 마이크로소프트 같은 회사가 웹3.0 시대를 앞두고 있는 상황과 비슷한 모양새다. 국내에서 P2W 방식의 MMORPG로 큰 성공을 거두었던 엔씨소프트 같은 회사는 현재 P2E를 약간은 멀리하고 있는 것으로 보인다.

최근 일부 게임 업체가 P2E 생태계를 자신들의 이익을 극대화하는 방향으로 구축하려 했던 사례도 있었다. 국내 게임 업체 위메이드Wemade는 P2E 생태계 확장을 위해 설계한 자체 암호화폐 위믹스WEMIX를 2022년 1월 예고도 없이 대량 매도하면서 투자자들의 반발을 샀다. 위메이드는 여기서 얻은 수익으로 작은 게임사들을 인수하기도 했는데, 이제야 서서히 새로운 산업으로 희망을 키우고 있는 P2E 산업에 찬물을 끼얹은 게 아닌지 우려된다.

그럼에도 현재 게임산업은 메타버스, 가상 경제, 웹 3.0, NFT

등 메타 트랜스포메이션의 관점에서 가장 적극적이고 선도적으로 변화하고 있는 영역임은 분명하다. 앞으로 글로벌 게임시장에서 P2E는 어떻게 변화하고, 또 우리나라의 게임 회사들은 어떻게 나아갈까? 그중에서도 이미 P2W 방식으로 엄청난 재화를 벌어들인 엔씨소프트 같은 회사는 어떤 태도를 취할까? 이러한 변화의 흐름에 게임업계는 큰 지각 변동을 겪게 될 것이다. 또한 게임산업을 넘어, 향후 인류의 새로운 메타 패러다임에도 중요한 역할을 할 것이다.

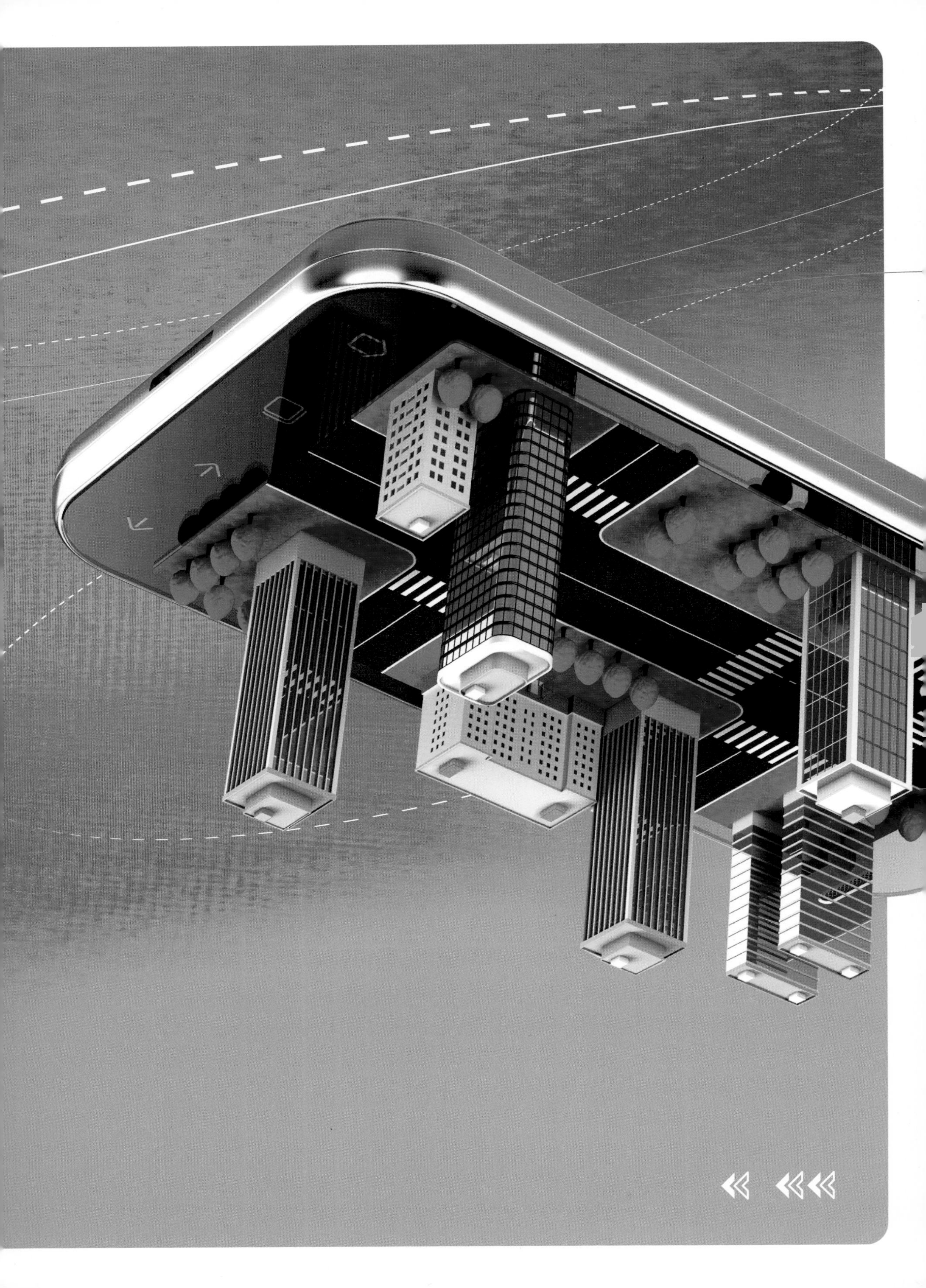

06

VIRTUAL

메타버스 세계에서 건물과 땅을 산다

가상 부동산이 뭘까?

가상 부동산은 서비스 기업이 메타버스 공간에 창조한 땅이다. 모든 문명은 상상의 산물이듯 가상 부동산도 새로운 경제 생태계로 그 가치가 있다.

앞서 말한 내용과 같이 현실 세계에서 가능한 대부분의 경제활동이 메타버스 세계에서도 실현 가능해졌다. 무엇보다도 메타버스에 보수적인 사람들이 가장 깜짝 놀란 것 중 하나는 메타버스 속의 부동산을 사고 팔 수 있다는 것이다! 말 그대로 메타버스 세계 속 땅을 사고 파는 것인데, 여기서 두 가지 의문이 들 수 있다.

첫째, 수많은 메타버스 플랫폼 중 어떤 플랫폼에서 어떻게 땅을 산다는 거지?

특정 메타버스 플랫폼 속의 땅을 거래하는 것이다. '어스2'라는 플랫폼은 지구를 동일한 크기로 본떠 만든 현실 세계의 땅을 판다. '서울', '뉴욕' 등 현실에 실존하는 땅을 본 뜬 가상의 부동산을 거래하는 것이므로 현실 세계에서 가치가 높은 지역이 어스2 내에서도 가치가 높을 확률이 크다.

더 샌드박스The Sandbox는 게임과 같은 형태에서 출발하여 아바타가 살아가는 공간을 판매한다. 어떤 게임을 할 때 사람들이 많이 지나가는 땅이나, 아이템이 많이 나오는 땅을 내가 소유하고 싶다는 상상은 누구나 해 봤을 것이다. 그와 같은 개념으로 예를 들어 리그 오브 레전드와 같은 게임을 할 때 특정 지역을 구매한다고 생각하면 될 것이다. 사람들이 자주 통행하는 지역이

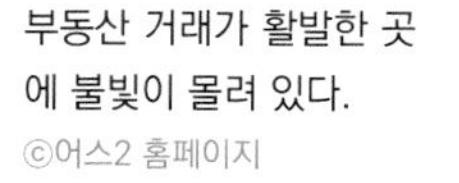

부동산 거래가 활발한 곳에 불빛이 몰려 있다.
©어스2 홈페이지

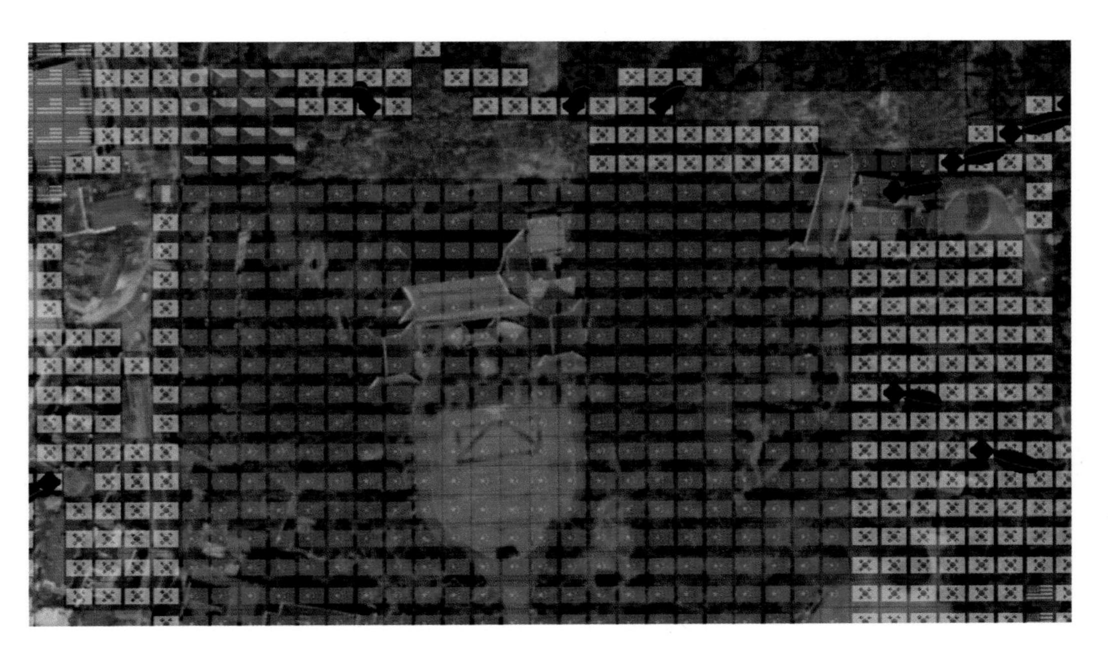

어스2에서 구매가 불가능한
청와대 땅을 구매한 모습.
ⓒ어스2 홈페이지 캡처

거나 좋은 자원이 나오는 곳은 당연히 가격이 높아지는 현실 세계의 부동산 가치 환산 법칙이 플랫폼 내에서도 적용될 거다.

이 외에도 실제로 존재하지 않는 가상 현실의 땅에 가격을 매겨 판매하는 디센트럴랜드Decentraland 등 가상 부동산 플랫폼이나 방식은 다양하다.

주요 가상 부동산 거래 플랫폼

플랫폼	더 샌드박스	어스2	업랜드	디센트럴랜드	메타렉스
특징	메타버스 게임 플랫폼·가상 부동산 '랜드' 거래	구글 위성지도 기반 실제 지구 모습 1대1 매핑한 메타버스	현실 주소 기반 가상 부동산 증서 NFT로 제작	커뮤니티 기반 가상 세계 안에서 토지 거래	한국 최초 가상 부동산 거래소
거래 수단	가상화폐 (SAND)	달러화·신용카드	가상화폐 (UPX·거래소 상장 안 됨)	가상화폐 (MANA)	가상화폐 (ATC)

ⓒ《메타 리치의 시대》, 김상윤, 2022년

둘째, 실제 땅 문서가 있는 것도 아닌데 땅을 구매한 후 어떻게 소유권을 주장하지?

3부에서 설명한 NFT를 통해 소유권을 인증 받을 수 있다. 가상 부동산 플랫폼에서 부동산을 거래할 때 NFT를 발급하고, 이를 통해 소유권을 보증 받을 수 있다. 이러한 기술을 통해 메타버스 속 경제활동은 나날이 더 확장되고 있다.

가상 부동산을 왜 사고 팔까?

현실 세계 못지않게 가상 세계에도
정부나 빅테크 기업의 데이터 통제 및
프라이버시 침해 위협에서 자유로울 수
있는 장점이 있다.

현실 세계에서 부동산을 거래하는 이유와 똑같다. 땅을 이용해서 돈을 벌려고 사거나, 혹은 다른 이유 없이 그냥 갖고 싶어서 사거나!

메타버스 세계 속 가상 부동산을 구매하는 것도 마찬가지이다. 향후 해당 부동산을 통해 수익 창출이 가능하다. 가령 아바타들이 모여드는 서울 홍대 앞 거리에 거대한 전광판을 만들어 광고비를 받거나, 제주도 한라산 등산로를 이벤트 개최자에게 빌려주고 임대료를 받는 식이다. 서울 강남에 아바타들이 거주할 수 있는 아파트를 분양해 돈을 벌 수도 있다.

부동산의 가치가 올라가는 이유는 다양하다. 예를 들어 현실 세계에서 블랙핑크 제니의 옆집이 부동산 거래시장에 나온다고 가정해 보자. 제니의 옆집이라면 그곳이 어디든 시세보다 훨씬 비싼 값에 거래될 것이다. 가상 세계도 마찬가지이다. 얼마 전 '더 샌드박스' 플랫폼에서 미국의 유명 래퍼 스눕독의 옆집이 무려 45만 달러(약 5억 3천만 원)에 팔렸다. 스눕독은 자신의 현실 세계 집인 '다이아몬드 바'라는 저택을 '더 샌드박스'에 실제와 똑같이 구축했는데, 이곳에서 파티와 콘서트를 개최했다.

이처럼 NFT와 마찬가지로 가상 부동산 시장에서도 유명 인사들이 메타버스 공간에 디지털 저택을 지으면서 시세를 많이 끌어올리고 있다. 저스틴 비버, 아리아나 그란데, DJ 마시멜로, 패리스 힐튼 등도 가상 부동산에 관한 얘기를 SNS에 종종 올린다.

현실 세계의 스눕독의 집 '다이아몬드 바'.

가상 부동산은 어떤 화폐로 거래하는 걸까?

샌드박스에서 사용되는
SAND 코인과 디센트럴랜드에서
통용되는 MANA 코인

가상 부동산의 거래는 보통 해당 플랫폼의 고유 암호화폐로만 이루어지는 경우가 많다. 디센트럴랜드에는 마나mana라는 화폐가 쓰이고, 더 샌드박스에서는 샌드Sand라는 암호화폐가 쓰인다. 이들의 가격은 비트코인이나 이더리움과 같은 기존 암호화폐에 비해 변동 폭이 훨씬 클 수 있으며, 예측 가능성도 현저히 떨어진다. 상대적으로 위험도가 높고, 변수가 많은 가상 자산인 만큼 조금 더 신중한 접근이 필요하다.

NFT 발행 과정에서 정보를 담는 토큰을 만드는 방식은 대표적으로 ERC-20, ERC-721 등이 있다. ERC는 'Ethereum Request for Comment'의 약자로 이더리움 네트워크에서 토큰을 만들 때 따라야 하는 프로토콜을 의미한다. 프로토콜은 통신 시스템이 데이터를 교환하기 위해 사용하는 통신 규칙이다. 많은 프로토콜 중에서 20번째 프로토콜이 ERC-20이고, 721번째 프로토콜이 ERC-721이다. ERC-20과 ERC-721 방식의 차이는 '대체 가능하냐, 불가능하냐'이다. ERC-20으로 만들어진 토큰은 서로 '대체 가능'하다. 즉, 동등한 가치로 구매, 판매, 교환이 가능하다. ERC-721로 만들어진 토큰의 경우 '대체 불가능'하다. 대체 불가능하다는 속성을 가진 NFT는 바로 ERC-721 방식으로 만들어진 이더리움 토큰이 활용된다. 따라서 NFT 시장이 성장할수록 이더리움의 가치도 상승할 가능성이 있다. 다만, 최근 점차 두드러지는 우려도 있다. 현재 이더리움 네트워크는 초당 15건 정도밖에 작업을 처리하지 못한다. 따라서 NFT의 활용이 늘어날수록 높은 거래비용을 유발할 수 있다. 또한 작업 증명에 필요한 컴퓨팅 파워도 다른 방식에 비해 많이 소모되기 때문에 에너지 효율에 관한 지적도 있다. 그래서 최근 이더리움은 새로운 규약인 ERC-1155를 탄생시켰다. 물론, 거래비용과 에너지 비효율을 완전히 개선한 것은 아니지만, ERC-20과 ERC-721의 장점을 살려 일부 효율성을 개선했다. 향후 NFT 시장 확대를 위해서는 이더리움의 보완 또는 이를 대체할 수 있는 기술적 진화가 필요하다.

가상 부동산은 한국인만의 열풍?

메타버스 속 가상 부동산을

소유하고 거래할 수 있는 플랫폼이 속속 등장하면서 수익을 기대하고 선점하는 사람이 늘고 있다.

가상 부동산은 한국인만의 열풍이라는 지적도 있다. 어스2에 따르면 전 세계 국가별 비교에서 한국 이용자의 자산 규모가 2021년 12월 기준 1,063만 748달러(약 125억 원)로 세계에서 가장 크다. 디센트럴랜드가 지난 9월 한 달간 확보한 한국인 이용자도 7,067명으로 미국에 이어 두 번째로 많았다. 국내 투자자들이 부동산에 관한 열정이 큰 것은 맞지만, 투기적 성격이 강하다는 것은 부인하기 힘들다.

국내에서는 현실 세계를 가상 현실에서 그대로 구현한 거울 세계형 메타버스 부동산 플랫폼이 인기를 끌었다. 대표적으로 세컨서울2nd Seoul이 있다. 세컨서울은 돈 버는 만보기 어플 '캐시슬라이드'를 제작한 회사인 엔비티의 자회사 엔씨티마케팅에서 개발한 서비스다. 서울 지역을 여러 개의 타일로 쪼갠 뒤 가상의 플랫폼에서 해당 지역을 거래할 수 있도록 만든 공간 메타버스 플랫폼으로 소유권 인증은 NFT 발급을 통해 이뤄진다.

2021년 11월 사전 신청을 접수한 이용자에게 가상 부동산(타일)을 무작위로 지급하는 이른바 에어드랍airdrop 이벤트를 진행했으며, 이후 이용자가 원하는 지역의 타일을 1만 원에 각각 판매했다. 반응은 폭발적이었다. 개시 하루 만에 타일 6만 9,300개가 모두 완판되었고 특히 현실에서 인기가 높은 강남, 서초 일대는 물론 강북의 부동산 핫플레이스로 꼽히는 마포구·용산구·성동구를 비롯해 한남동, 광화문 등의 고가 주거지역은 빠르게 마감되었다. 이는 엔비티의 주가 상승으로도 이어졌는데, 서비스 출시 며칠 만에 약 50% 정도 상승했다. 하지만 엔비티는 이틀만에 돌연 서비스를 중단하여 논란에 휩싸였다. 베타 서비스 제공 과정에서 일부 심각한 문제를 발견했다고 하는데 그 해명이 석연치 않다. 이처럼 가상 부동산은 아직 수익성을 위해 투자하기엔 위험한 부분이 많다. 최근 NFT, 가상 부동산 등 주목받기 좋은 가상 자산 서비스를 투자 유치 목적으로 완성도가 갖춰지지 않은 상태에서 출시하는 경우가 흔하기 때문이다.

가상 부동산은 앞으로 어떻게 활용될까?

가상 부동산 플랫폼에는

디센트럴랜드, 어스2, 더 샌드박스가 있다.
사람들은 땅에 관심이 많다.
그 관심이 디지털 속에서도 이어지고 있는 것 같다.

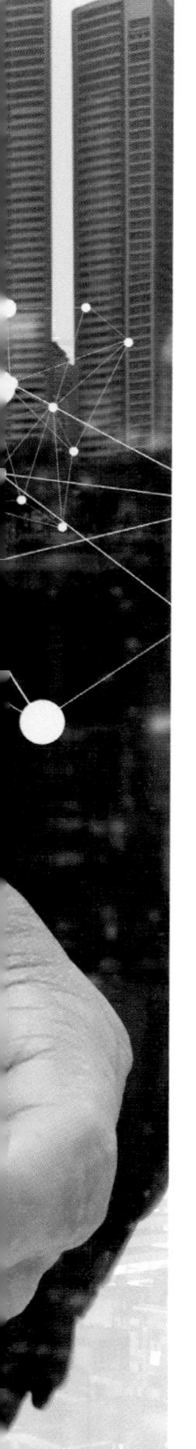

가상 부동산은 다른 가상 자산과 마찬가지로 사람들의 가상공간 활용도가 높아질수록 유형, 가치, 규모가 확대될 것이다.

하지만 다른 가상 자산에 비해 가상 부동산은 특히나 불안정한 부분이 많다. 특히 국내 플랫폼의 경우 향후 제공 서비스나 운영방식에 관해 구체적으로 밝히지 않은 곳이 대부분이고 입출금 절차가 까다로워 현금화가 가능한 안전한 자산으로 보기 어려운 점도 있다. 예를 들어, 현재 어스2가 제공하는 서비스는 단순히 타일을 구매하거나 재판매하는 정도이다. 즉, 지금 단계에서는 그 10m^2 타일과 그 가치를 기반으로 한 거래 플랫폼 게임 정도일 뿐이다. 흘러나오는 얘기에 따르면 향후 나름대로 자원을 수집하고 활용할 수 있는 기능이 생기고, 게임 내 통화도 생성되며, 추후 보유한 땅을 개발할 수 있는 서비스가 제공될 것이라고 하는데, 투자자들은 업체의 얘기를 그대로 믿고 기다릴 수밖에 없는 상황이다.

하지만 디센트럴랜드나 더 샌드박스와 같은 인기 있는 플랫폼이라 할지라도 게임이라고 하기엔 다른 게임에 비해 재미가 부족하다는 평이 대부분이다. 또한 UX(사용자 경험)가 매우 투박한 측면이 있어 해당 공간을 자세히 살펴보기 어려운 구조이고, 제공되는 정보 또한 단편적이다.

NFT 예술 작품 거래의 경우, 해당 작품에 관한 가치를 자신의 주관대로 평가하여 가격을 책정해 볼 수 있지만, 가상 부동산 거래는 해당 플랫폼의 성장과 운명을 함께하는 경향이 강하다. 플랫폼의 업데이트, 대중적 인지도에 따라 가상 부동산의 가치가 결정될 여지가 크다. NFT 예술 작품의 구매는 해당 작품의 구매로 인식할 수 있지만, 가상 부동산의 구매는 이 플랫폼 기업에 투자하는 것으로 인식할 수밖에 없다.

07 VIRTUAL

메타버스로 꿈꾸는 새로운 세상

메타버스는 새로운 문명이 될까?

인터넷과 스마트폰이

일으킨 IT혁명 메타버스는 혁명을 넘어 새로운 문명이 될 것으로 전망된다.

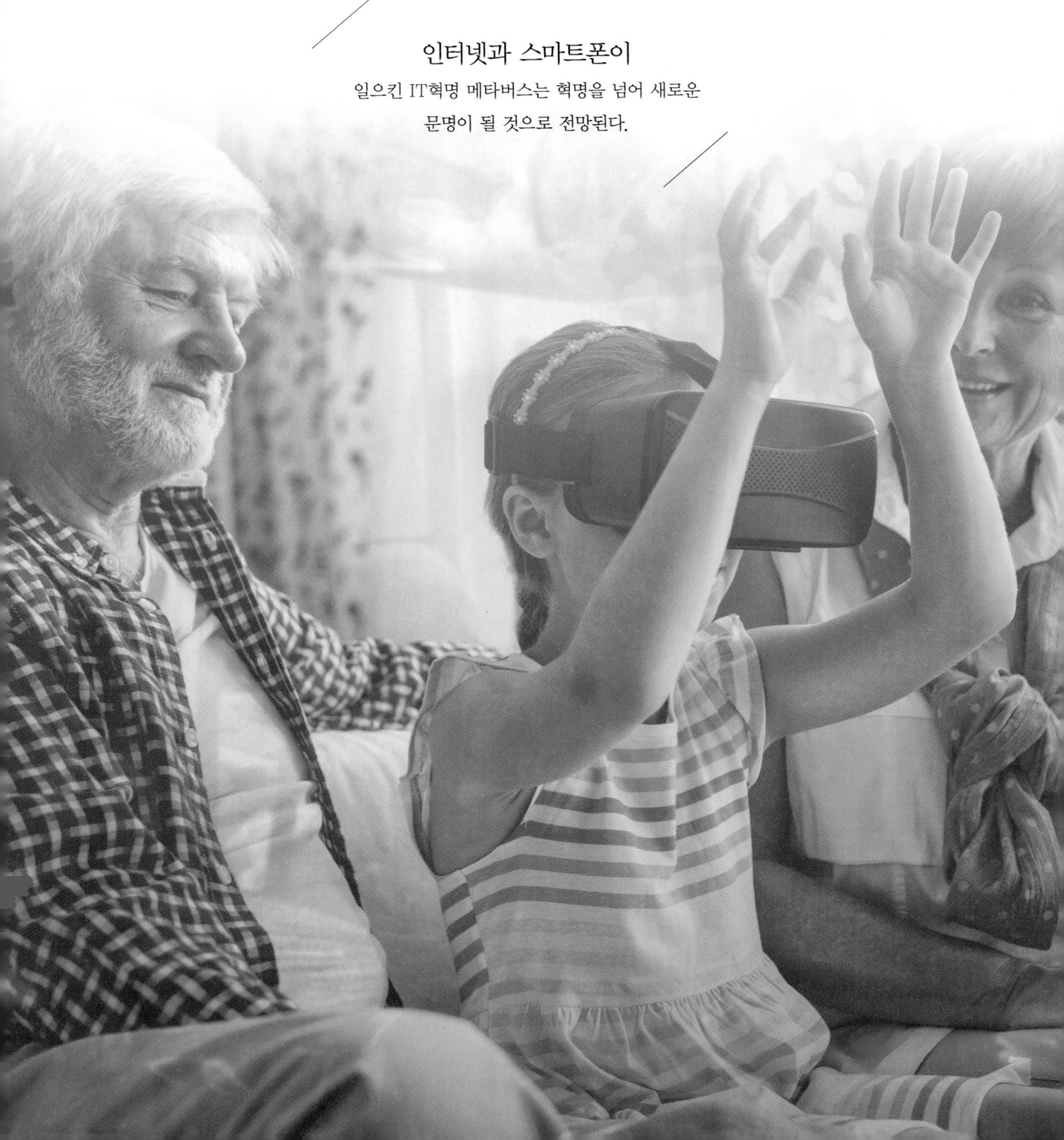

미래학자인 로저 제임스 해밀턴Roger James Hamilton은 "2024년에 우리는 현재의 2D 인터넷 세상보다 3D 가상 세계에서 더 많은 시간을 보낼 것"이라고 예측하였다. 실제 로블록스나 제페토의 주 이용 계층인 10대들은 하루 평균 2~3시간을 메타버스 세상에서 살아가고 있다. 그들이 메타버스 가상공간에서 머무는 시간이 늘어날수록, 그리고 가상공간에서 일어나는 소통과 거래의 영역이 확대될수록, 인류는 메타버스 속에서 새로운 문명을 만들어 갈 것이다. 미국의 유명한 알앤비 가수 존 레전드John Legend는 가상 현실 콘서트 플랫폼 '웨이브Wave'에서 콘서트를 열었다. 일상적으로 온라인 콘서트라고 하면, 녹화된 영상을 보는 방법이나 혹은 실제 공연을 중계하는 형태를 떠올릴 것이다. 그러나 존 레전드의 공연은 메타버스 가상공간에서 실시간으로 열렸다. 다시 말하면, 녹화된 영상도 아니었고, 실제 공연의 중계도 아니었다. 존 레전드의 아바타가 가상공간에서 공연을 하고, 관객의 아바타들이 공연을 관람했다. 여기서 중요한 점은 실시간으로 공연이 진행되었다는 것이다. 존 레전드는 관객이 하나도 없는 본인의 작업실에서 실제로 공연을 진행하고, 아바타는 이것을 똑같이 보여 줬다. 존 레전드의 몸에는 모션 캡처Motion Capture라고 하는 장비가 달려 있었고, 존 레전드의 움직임과 아바타의 움직임을 실시간으로 연결했다. 관객은 집 안 방에서 VR을 끼고 가상 콘서트홀에 아바타로 입장하여, 존 레전드 아바타의 공연을 실감 나게 감상했다.

이처럼 현실 세계의 인간과 인간은 물리적으로 떨어져 있으나, 아바타들끼리 같은 가상공간에서 소통을 한다. 메타버스가 지향하는 세계는 인간 경험의 확장이다. 코로나 팬데믹을 보내는 현 시점에 존 레전드와 수백, 수천의 관객이 실제 얼굴을 맞대지 않고도, 아바타로 만족스러운 소통과 경험을 할 수 있다는 사실은 시사하는 바가 크다. 메타버스 가상 콘서트로 인해 얻은 가치가 메타버스를 바라보는 우리 인류가 기대할 수 있는 가치가 아닐까?

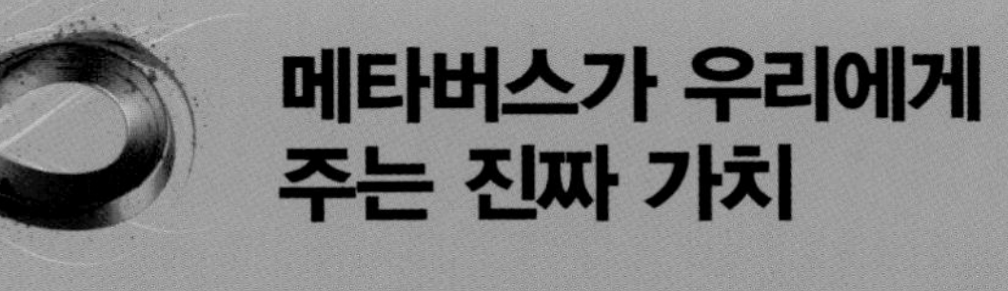

메타버스가 우리에게 주는 진짜 가치

현실 세계에 다양한
인류 보편의 가치가 살아 있는
인간 중심의 판타지를 담다.

인간의 활동 유형별 학습효과를 피라미드로 제시한 교육학자 에드가 데일Edgar Dale은 실제 경험을 통한 학습이 효과가 가장 크다는 것을 제시했다. 사람들은 보통 읽은 것의 10%, 들은 것의 20%를 기억하지만, 실제 경험한 것은 90%를 기억한다고 한다. 이렇듯 경험이 최고의 학습 수단이라는 것을 강조하여 이를 '경험 경제Experience Economy'라고도 표현한다.

저커버그는 2021년 사명을 메타로 바꾼 이후 가진 설명회에서 메타버스를 "인터넷 클릭처럼 쉽게 시공간을 초월해, 멀리 있는 사람과 만나고 새로운 창의적인 일을 할 수 있는 인터넷의 다음 단계"라고 말했다. 이날 저커버그가 소개한 메타버스 세계는 마치 영화 속의 장면 같았다. 실제 안경과 똑같이 생긴 것을 끼면 눈앞에 홀로그램으로 각종 화면과 3D 그래픽이 뜬다. 손가락으로 이를 클릭하고 홀로그램을 돌려 보다가 동료에게 전화하면, 먼 곳에 있는 동료의 아바타가 눈앞으로 소환된다. 아바타 형태의 친구들과 둘러앉아 카드 게임을 할 수 있고, 아바타끼리 탁구를 치거나 3대 3 농구를 할 수도 있다.
메타는 인류에 바람직한 가상 세계를 제시하기 위한 모든 중요한 지식(사람들이 온라인에서 행동하는 방식, 성격, 좋아하는 것과 싫어하는 것, 걸음걸이, 눈 움직임, 감정 상태 등)을 수집할 환경을 갖추어 가고 있다.

메타가 소개한 메타버스의 한 모습. 먼 곳에 떨어져 있는 친구와 메타버스를 통해 체스를 두고 있다.
©연합뉴스

메타버스 가상공간에서 펼쳐지는 경험은 현실의 경험이라고는 할 수 없다. VR 가상공간에 모여서 회의를 하고, 가상 콘텐츠를 이용하여 몰디브 여행을 다녀왔지만, 막상 VR 기기를 벗고 나면 아무것도 존재하지 않는다. 그러나 우리 뇌리에는 현실 세계에서 회의를 했고, 몰디브 여행을 실제 다녀온 것 같은 느낌과 기억이 남는다. 가짜 경험이지만, 실감 경험이다. 최근 VR, AR 가상 증강 현실 기술의 진화는 실감도를 높여, 이용자들이 현실의 경험을 한 것과 비슷한 효과를 준다.

제페토, 로블록스 등에서 아바타로 경험하는 것도 이와 유사하다. 10대들은 로블록스라는 게임 속 가상공간에서 아바타로 삶을 살아가고 있다고 느낀다. 다시 말하면 '아바타=나'로 인식하여, 가상공간에서 다른 아바타들을 만나고, 소통하고, 물건을 구입하고, 집을 꾸미고, 여행을 다니는 것을 실제 내가 그것을 경험하고 있다고 착각한다. 가짜 경험이지만 대리 경험이며, 정신적

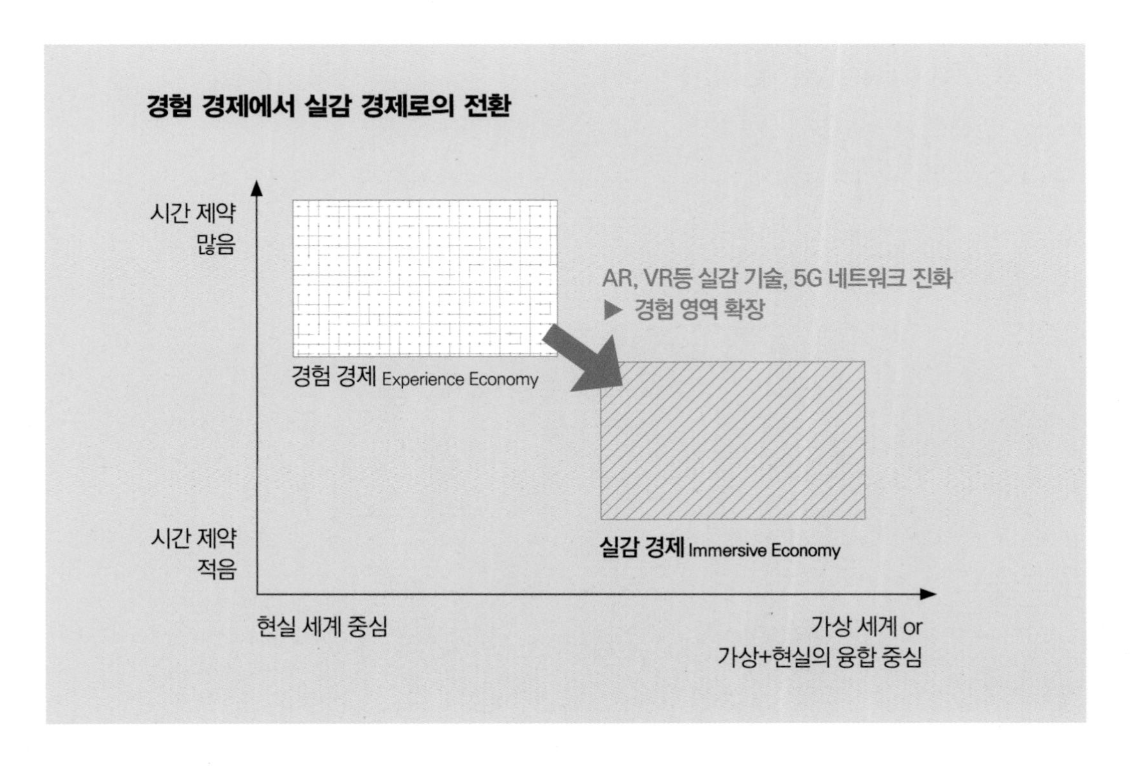

경험이다.

실감 경험, 대리 경험이 제공해 주는 가치나 그 효과가 실제 현실 세계의 경험이 제공하는 그것과 유사하다면 우리에게는 충분히 의미가 있다. 우리는 이를 '실감 경제Immersive Economy' 혹은 '가상 경제'라고 표현한다. 현실에서 부족한 경험을 가상에서 채우고, 현실에서 불가능한 경험을 가상에서 해 볼 수 있으며, 인간 대신에 아바타 사이에서 소통이 일어나고, 가상 자산의 거래 혹은 현실과 연계된 경제활동이 가상공간에서 일어나기도 한다. 최근 메타버스가 '또 다른 세계'라고 일컬어지는 이유도, 현실 세계의 많은 것이 가상 세계에서 대체될 수 있다는 점에 초점을 맞춘 것이다.

가상 경험이 현실을 개선하다

최근 AR, VR, 5G, 디지털 트윈, CPS, AI, 블록체인 등 진화된 디지털 기술은 이제 가상 세계 창조를 넘어, 가상과 현실의 연계라는 측면에서 거대한 효과를 보여 주기 시작했다. 인간의 경험을 가상공간으로 확장하고, 가상 경험의 효과나 피드백이 현실 세계에 영향을 미치는 구조이다.

예를 들면 가상공간에서 홈리스를 체험한 사람들은 이후 주거 지원 정책 동의율이 크게 올라갔다. 일반인들은 홈리스를 제 3자의 입장에서만 바라보다가, 내가 직접 가상공간에서 홈리스 경험을 해 보니, 얼마나 힘든 삶인지를 제대로 인지한 것이다. 그리고 여행사 토마스쿡Thomas Cook은 고객에게 VR을 통해 여행을 가상으로 경험할 수 있는 획기적인 서비스를 제공했는데, VR을 경험한 고객일수록 실제로 예약을 하는 경우가 많았다고 한다. 뉴욕 여행 예약은 서비스 도입 이후 190% 증가했다고 한다.

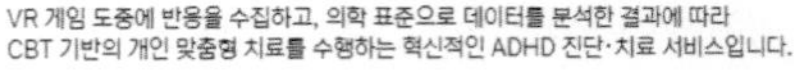

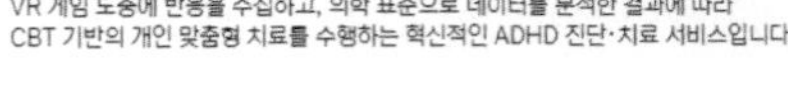

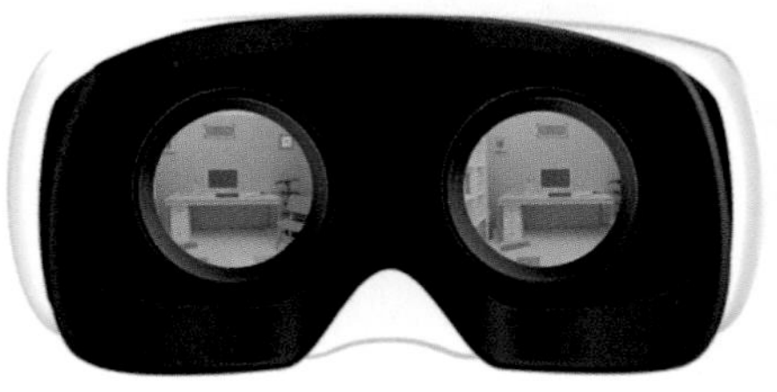

ⓒ히포티앤씨

최근 메타버스 가상공간은 의료 분야에도 활용되고 있다. 불면증, 트라우마, 약물 중독을 경험하고 있는 정신 질환자가 가상공간에서 상황, 공간에 관해 반응하는 데이터를 분석해 질환의 정도를 판단하고, 치료, 재활까지 가상공간에서 진행하기도 한다.

국내 기업 히포티앤씨는 주의력결핍 과잉행동장애ADHD를 겪고 있는 어린이들에게 가상공간에서 놀이와 같은 경험을 하게 하여, 현재의 상태나 질환 정도를 판단하는 콘텐츠를 개발했다. 이 기술은 2022 국제전자제품박람회CES에서 혁신상을 받기도 했다. 질환의 판단뿐만 아니라 향후 치료 효과까지도 기대할 수 있다는 측면에서 현실과 가상의 결합인 메타버스를 활용한 디지털 의료 서비스의 진화라고 할 수 있다.

놀 거리, 즐길 거리, 일할 공간, 전시 공간뿐만 아니라 이제는 인류가 걱정하는 빈곤, 주거, 질환 등 각종 사회문제와 의료 분야에까지 메타버스의 가치가 확장되고 있다.

이렇게 메타버스 세상에서의 실감 경험, 대리 경험이 현실 세계의 경험을 대체하거나 부족함을 채워 주며, 세상 사람들의 공감을 얻어 내고, 현실의 문제까지 해결해 주고 있다. 그리고 이는 메타 패러다임의 변화를 긍정적으로 바라보는 기업들에게는 새로운 비즈니스 기회가, 메타 리치를 꿈꾸는 사람들에게는 새로운 투자 기회가 될 수 있다.

지금 이 책을 읽고 있는 여러분이 꿈꾸는 메타버스 세계 속의 삶은 단순히 더 많은 부를 창출하는 것만은 아닐 것이다. 메타로의 패러다임 전환 속에서 세상의 변화를 예측하고, 그 안에서 새로운 가치와 혜택을 찾기 위함일 것이다. 일상에 혹은 비즈니스에 그 변화를 적극적으로 활용하여 기회를 찾고, 변화를 주도하는 과정에서 자연스럽게 인생의 새로운 기회를 얻게 되는 것이 아닐까 생각한다.

맺음말

필자는 요즘 주말마다 가상공간에서 탁구를 친다. 메타의 오큘러스 2Oculus 2라는 VR 기기를 머리에 뒤집어쓴 채로 몇 만원을 주고 다운받은 탁구 게임을 실행하면, 내 눈앞에는 실제 탁구장과 똑같은 가상의 탁구장이 펼쳐진다. 혼자서 게임 기계와도 탁구를 칠 수 있지만, 해외에서 접속한 다른 유저와 대결을 할 수도 있다. 승부욕에 불타 한참 경기를 하다 보면, 여기가 정말 가상 세계인지 아님 현실 세계인지 분간이 안 될 정도다. 가상 세계에서 탁구를 치는 것도 새로운 경험이지만, 외국 사람과 탁구 시합을 하는 것도 현실 세계에서는 거의 겪어 보지 못한 경험이다. 특히, 현실 세계의 각자의 집에서 말이다.

이처럼 오프라인에서만 가능했던 활동들이 이제는 메타버스 가상 세계에서 이루어진다. 2020년 조 바이든 미국 대통령도 대선 후보 시절, '동물의 숲'이라는 게임 속 아바타를 통해 선거 유세를 펼쳤다. 바이든의 지지자들은 게임에 접속해 나를 대변하는 아바타를 만들어 바이든과 대화를 나누기도 했다. 아마 대화하는 순간에는 현실 세계에서 바이든 대통령을 만나서 소통하는 것으로 착각했을 법도 하다. 학교의 입학식, 축제, 기업의 면접 또한 가상공간에서 개최되기도 한다. 이처럼 메타버스는 이미 우리의 생활에 깊숙이 파고들어 왔다.

더 나아가 이제는 이용자들이 직접 플랫폼에 참여해 콘텐츠를 생산하고, 거래하면서 새로운 경제활동이 형성되기도 한다. 블록체인이라는 기술이 세상에 등장한 이후 이를 기반으로 한 암호화폐가 탄생하여, 여러 나라에서 화폐를 대신하여 활용되기도 하며, NFTNon-Fungible Token라는 것은 가상 세계의 소유를 인증해 주면서 가상의 공간에서 실제 경제활동을 가능하게 하고 있다. 아직은 게임이나 엔터테인먼트 분야를 중심으로 이루어지고 있으나, 머지않아 다양한 산업 영역에서 우리의 일상을 바꿔 놓을 것으로 기대된다.

메타버스, NFT가 만드는 가상 경제 시대를 주도하기 위해 우리는 어떻게 해야 할까. 가장 먼저, 우리가 갖고 있던 기존의 시각과 관념을 바꿔야 한다. 인간과 세계, 시간과 공간 등에 관해 기존 상식과 관념이 파괴되고 있다. 책에서 언급한 글로벌 가상 경제의 리더들도 기존의 시각과 관념을 버리고 새로운 변화를 즐기는 과정에서 세상을 주도하고 있다. '메타Meta'로 기업명을 변경한 페이스북의 마크 저커버그Mark Zuckerberg, 전기차보다 암호화폐를 더 자주 언급하는 테슬라의 일론 머스크Elon Musk, 길거리 상점들을 온라인 가상공간에 올려놓은 아마존의 제프 베이조스Jeff Bezos. 그들은 기존의 시각과 관념을 버리고 이전에 없던 것을 갈구하며, 기술을 통해 새롭고 참신한 세상을 만들어 가고 있다.

지금 이 책을 읽고 있는 독자들도 세상의 리더가 될 수 있다. 메타버스 세상으로의 변화를 즐기자. 아마, 내일은 세상을 주도하고 있을 것이다.